초 등 부 터   고 등 까 지
수학의 핵심을 꿰뚫는

수학의 맥점

＊ 저자: 신 정 수

· 서울대 자연과학대학 수학과 졸
· 한국외국어대 서양철학 석사(수학철학)
· 강남, 분당, 평촌 등지에서 중, 고등학생 수학 지도
· 네이버커넥트재단 Edwith 수학/철학 강의(일반인/교사 대상)
· 기업 출장 수학강의(벡터미적분, 인공지능 수학 등)

수학의 맥점

ⓒ 신정수, 2016

초판 1쇄 발행 2016년 7월 21일 (개정판)
    3쇄 발행 2021년 2월 17일

지은이   신정수
펴낸이   이기봉
편집   좋은땅 편집팀
펴낸곳   도서출판 좋은땅
주소   서울 마포구 성지길 25 보광빌딩 2층
전화   02)374-8616~7
팩스   02)374-8614
이메일   gworldbook@naver.com
홈페이지 www.g-world.co.kr

ISBN   979-11-5982-224-7 (53410)

초 등 부 터   고 등 까 지

수학의 핵심을
꿰뚫는
수학의 맥점

신정수 지음

좋은땅

머 리 말

IT업계에서 20년이 넘도록 개발자, 관리자, 경영인, 투자가의 역할을 해왔다. 수학전공자로서 언제부터인가 집에서 아들의 수학을 직접 지도해보자고 생각했다. 그래서 아이의 어린 시절부터 가끔씩 시간을 내어 수학 공부를 놀이처럼 함께 해왔다. 아이가 초등 수학을 거의 깨우쳐갈 무렵 중등 수학 강의 노트를 만들어 이따금씩 아이를 지도했고, 곧이어 또 고등 수학 강의 노트까지 마무리하게 되었다. 결국 이 책은 초등학생에서 중학생으로 넘어가는 동안의 우리 아이에게 초등수학부터 고등학교 수학까지의 개념을 정립을 시켰던 강의 노트인 셈이다. 그 덕분인지 우리 아이는 지금 수학을 전공하는 대학생이 되었다.

일반적으로 우리 부모와 아이들은 수학이라는 신비로운 학문의 깨우침 대신 학교 수학 내신 성적을 위해서만 전력투구하는 모습이다. 그리고 학교나 학원에서는 변별력이라는 명분으로 필요 이상의 어렵고 꼬인 문제들을 빨리 풀도록 아이들을 독촉하고 있다. 결국 문제집을 여러 권 풀며 어려운 문제 유형들을 익히고 암기하는 데 내몰릴 수 밖에 없다. 하지만 수학에서 정작 소중한 증명 과정이나 원리에는 충분한 관심을 두지 못한다. 그러다 보면 나무만 보고 숲을 보지 못하는 수학 공부가 강요되는 셈이다.

이 책은 내신이나 수능 성적을 위한 문제 유형 위주의 교재는 아니다. 이 책은 초중고 수학의 알맹이들을 원리 위주로 총 정리한 일종의 교양 수학서에 가깝다. 유학도 많은 글로벌 시대임을 감안하여 수학 용어들의 영어 표현도 가급적 병기해보려고 애썼다. 그럼 이 책을 어떻게 활용할 수 있을까?
첫째, 우리 집 아이 경우처럼 학교 진도를 초월하여 개념 위주로 속진 선행을 시켜줄 때
둘째, 시중 문제집을 본격적으로 풀기 전에 개념 원리를 신속히 선행시키려 할 때
셋째, SAT를 준비하는 외국인학교 학생이나 유학생들의 수학 기초 정립을 시킬 때
넷째, 기초가 약한 중하위권 학생들을 대담한 후행으로 신속히 치유시킬 때
다섯째, 교양 차원이나 자녀 지도 목적으로 초중고 수학을 신속히 깨우치려 할 때

이 책은 초등수학 10강, 중등수학 10강, 고등수학 13강(문과는 10강까지)등 총 33강으로 구성되어 있는데, 개편이 잦은 현행 초중고 교과 과정 순서를 그대로 따른 것은 아니다. 학교 진도와 상관없이 이 순서대로 착실히 수학 원리들을 소화시켜 나간다면 수학에 대한 탄탄한 기초 실력이 만들어지면서 어떠한 수학 문제들에 대해서도 도전할 만 하다는 자신감을 가질 수 있게 될 것이다.

2016. 7. 1 저자 신정수

목 차

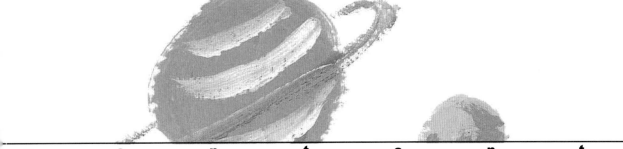

초등 수학

🪐 곱셈(Multiplication) 계산

▷ **자연수로 곱하기:** 곱한 수만큼 처음 수를 더하는 것과 같은 의미.

즉, 5×3 (= 5+5+5) = 15 ("5 multiplied by 3 makes 15." 또는 "5 times 3 is 15.")

또한 $(-5) \times 3$ = (-5)+(-5)+(-5)=-15. 단 음의 정수를 곱하는 경우에는 $3 \times (-5)$ = -(3× 5)=-(3+3+3+3+3)=-15

▷ **10, 100, 1000, 10000 등의 수로 곱하기:** 곱하는 수의 0의 수만큼 처음 수의 오른쪽에 0을 붙인다. 즉, $345 \times 10000 = 3450000$, $1050 \times 1000 = 1050000$

▷ **오른편에 0이 많은 큰 수들의 곱셈:** 오른 편 0들을 뺀 숫자들의 곱셈을 한 결과에 그 0들의 숫자 합만큼 0을 붙이면 된다. 즉, $25000 \times 300 = (25 \times 1000) \times (3 \times 100) = (25 \times 3) \times (1000 \times 100) = 75 \times 100000 = 7500000$

▷ **제곱(Square):** 동일한 수를 반복하여 곱하는 것을 제곱한다고 하며, n개가 서로 곱해지면 n제곱(n-th power)이라고 말한다. 예를 들면, $2 \times 2 = 2^2$ 으로 쓰고 그냥 2의 제곱(two square)이라고 한다.

한편, $2 \times 2 \times 2 = 2^3$ (2의 3제곱 two cube), $2 \times 2 \times 2 \times 2 = 2^4$ (2의 4제곱 two to the 4th power),... 등으로 표시

🪐 나눗셈(Division) 계산

▷ **제수((Divisor)와 피제수(Dividend):** 나누는 수를 제수, 나누어지는 수를 피제수라고 부른다. 즉, $10 \div 5 = 2$ ("10 divided by 5 is 2." 또는 "5 into 10 goes 2.")일 때 피제수는 10이며, 제수는 5이다. 나눗셈의 의미는 제수에 얼마를 곱하면 피제수와 같아지는 지를 묻는 것이다. 즉 $10 \div 5$는 $10 = 5 \times (\quad)$에 알맞은 ( )안의 값을 찾는 것으로 볼 수 있다.

▷ **몫(Quotient)과 나머지(Remainder) 법칙:** $\boxed{\text{피제수 = 제수} \times \text{몫 + 나머지 (나머지} < \text{제수)}}$
이를테면, $13 \div 5$ 를 하면 몫이 2이고, 나머지가 3이다. 여기에서 $13 = 5 \times 2 + 3$ 및
$3 > 5$이 성립.

▷ **오른편에 0이 많은 큰 수들의 나눗셈:** 피제수의 오른편 0들과 제수의 오른편 0들을 같은 수만큼 함께 뺀 후 계산.
이를테면, 즉, $250000 \div 5000 = (250 \times 1000) \div (5 \times 1000) = (250 \div 5) \times (1000 \div 1000) = 50 \times 1 = 50$. 즉, $250000 \div 5000 = 250 \div 5 = 50$ 으로 계산

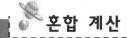

▷ **계산의 순서:** 곱셈과 나눗셈을 먼저 계산, 그 다음에 덧셈과 뺄셈을 순서대로 계산, 단, ( )가 있다면 ( )안의 계산을 먼저 처리. 예를 들면, $2 + 3 \times 4 = 2 + 12 = 14$, $(2 + 3) \times 4 = 5 \times 4 = 20$

▷ **덧셈끼리나 곱셈끼리는 계산 순서를 바꾸어도 된다.** 예를 들면, $(2 + 3) + 4 = 5 + 4 = 9$ 또한 $2 + (3 + 4) = 2 + 7 = 9$. $(2 \times 3) \times 4 = 6 \times 4 = 24$ 또한 $2 \times (3 \times 4) = 2 \times 12 = 24$

▷ **뺄셈이나 나눗셈끼리는 계산 순서를 바꾸면 안 된다.** 예를 들면, $(10 - 5) - 4 = 5 - 4 = 1$ 그러나 $10 - (5 - 4) = 10 - 1 = 9$. $(20 \div 10) \div 2 = 2 \div 2 = 1$ 그러나 $20 \div (10 \div 2) = 20 \div 5 = 4$

▷ **덧셈/뺄셈 식의 영어표현:** $2 + 3 = 5$ → "2 plus 3 equals 5." 또는 "2 and 3 is 5."
$5 - 3 = 2$ → "5 minus 3 equals (is) 2."

▷ **교환 법칙(Commutative property):** 계산의 앞 뒤 수를 바꾸어도 계산 결과는 항상 같은 경우로 더하기와 곱하기의 경우 이 법칙이 성립한다.
예를 들면, $3 + 4 = 4 + 3$, $5 \times 7 = 7 \times 5$

▷ **결합 법칙(Associative property):** 3개의 수를 계산할 때, 계산의 순서를 바꾸어도 그 결과는 항상 같은 경우로 더하기와 곱하기의 경우 이 법칙이 성립한다.
예를 들면, $(5 + 7) + 4 = 5 + (7 + 4)$

▷ **분배 법칙(Distributive property):** $(A + B) \times C = (A \times C) + (B \times C)$ 또는 $C \times (A - B) = (C \times A) - (C \times B)$ 같이 괄호 안에 $+/-$계산이 있는 식에 $\times/\div$를 하는 것은 먼저 각각 $\times/\div$를 한 다음 $+/-$을 계산하는 것과 같다.
예를 들면, $(3 + 4) \times 2 = (3 + 4) + (3 + 4) = (3 + 3) + (4 + 4) = 3 \times 2 + 4 \times 2$. 이처럼 더하기(혹은 빼기)와 곱하기(또는 나누기) 사이에는 배분 법칙이 성립한다. 이 법칙을 이용하면 $9999 \times 32 + 32$ 같은 경우에는 $9999 \times 32 + 32 = 9999 \times 32 + 1 \times 32 = (9999 + 1) \times 32 = 10000 \times 32 = 320000$처럼 쉽게 계산할 수 있다.

확인 문제

1. 25를 40번 더하는 것과 같은 의미의 곱셈 식과 답을 쓰시오

(   ) × (   ) = (   )

2. 다음 계산들을 하시오.

(1) $254000 × 20000 =$

(2) $8160000 ÷ 4000 =$

3. 어떤 수에 7을 나누었더니, 몫이 31이 되었고, 나머지는 6이 되었다고 합니다. 그 어떤 수는 얼마입니까? (   )

4. 어느 학교 강당에 어느 반 학생들을 앉히는데 한 자리에 8명씩 앉히면 마지막 자리엔 7명이 앉게 된다고 합니다. 그런데 한 자리에 4명씩 앉히면 총 8개의 자리가 필요하다고 합니다. 그 반의 학생 수는 모두 몇 명일까요? (   )

5. 다음 계산들을 하시오

(1) $125 - 5 × 12 =$

(2) $8 + (7 × 8 - 17 × 2) =$

6. A,B,C가 자연수일 때 다음 중 항상 성립하지는 않은 것은?... (   )

① $A + B + C = C + (B + A)$ ② $A × (B - C) = A×B - A×C$

③ $A - B + C = A + (C - B)$ ④ $A ÷ B ÷ C = A ÷ (B ÷ C)$

7. 다음 (   )안의 수를 구하시오

(1) (   ) $× 8 - 7 = 65$

(2) $\{28 - ($ $)\} × 4 = 124$

8. A지점부터 B지점까지 양 길 가에 5m 간격으로 가로수를 심으려 합니다. A와 B 사이의 거리가 80m라고 하면 총 몇 그루의 나무가 필요할까요? (   )

메 모 장

메 모 장

1-2 약수와 배수

소인수분해(Factorization in prime factors)

▷ **소수(발음:솟수 Prime number)란?** 1과 자기 자신 외에는 나누어 떨어지지 않는 1보다 큰 자연수. 예를 들면, 2, 3, 5, 7, 11, 13, 17, 19,…..

▷ **인수(Factor), 소인수(Prime factor)란?** 어떤 수를 자연수들의 곱으로 나타낼 때, 그 자연수들을 인수라고 하며 그 인수가 소수일 경우 소인수라고 한다.

예를 들면, 30 = 5×6 이며, 이중 5, 6은 30의 인수이며 그 중 5는 소수이므로 소인수인 셈이다.

▷ **소인수분해:** 한 자연수를 소인수들만의 곱으로 나타내는 것

예를 들면, 30 = 2×3×5 로 나타내는 것이다. 2,3,5는 더 이상 다른 소수들의 곱으로 분해할 수가 없는 소인수들이다.

▷ **소인수분해 하는 방법:** 예를 들어 84을 소인수분해 할 경우,

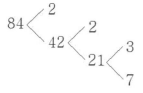

위와 같은 방법으로, 84 = 2×2×3×7 로 소인수분해 가능.

약수 / 배수

▷ **약수(Divisor)란?** 어떤 자연수를 나누어 떨어지게 하는 수들을 그 자연수의 약수 (또는 인수)라고 한다. 예를 들면, 12의 약수는 1, 2, 3, 4, 6, 12 이다.

▷ **배수(Multiple)란?** 어떤 자연수로 나누어 떨어지는 수를 그 자연수의 배수라고 한다.

예를 들면, 5의 배수들은 5, 10, 15, 20, 25, ….

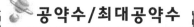

공약수/최대공약수

▷ **공약수(Common divisor)란?** 몇 개의 자연수들의 각 약수들 중 공통적인 약수들을 그 자연수들의 공약수라고 한다. 예를 들면, 12와 18의 공약수는 1, 2, 3, 6이다.

(12의 약수들은 1, 2, 3, 4, 6, 12.   한편 18의 약수들은 1, 2, 3, 6, 9, 18)

▷ **최대공약수(Greatest common divisor)란?**   공약수 중 가장 큰 수를 최대공약수라고 한다. 12와 18의 최대공약수는 공약수 1, 2, 3, 6 중 6이 된다.

▷ **최대공약수를 구하는 방법:** 각 자연수들의 소인수분해를 한 후 공통된 소인수들의 곱을 계산. 예를 들어 12와 18의 최대공약수를 구하려면, $12 = 2 \times 2 \times 3$, $18 = 2 \times 3 \times 3$ 을 비교할 때 2×3이 공통 부분이며, $12 = (2 \times 3) \times 2$, $18 = (2 \times 3) \times 3$ 이므로 최대공약수는 6이다.

($12 = 6 \times 2$, $18 = 6 \times 3$)

공배수/최소공배수

▷ **공배수(Common multiples)란?** 몇 개의 자연수들의 각 배수들 중 공통적인 배수들을 그 자연수들의 공배수라고 한다. 예를 들면, 4와 6의 공배수는 12, 24, 36, …이다.

(4의 배수들은, 4, 8, 12, 16, 20, 24, 28, 32, 36, 40… 한편 6의 배수들은 12, 18, 24, 30, 36, 42, …)

▷ **최소공배수(Least common multiple)란?** 공배수 중 가장 작은 수를 최소공배수라고 한다. 4와 6의 최소공배수는 공배수 12, 24, 36 중 12가 된다.

▷ **두 자연수의 최소공배수를 구하는 방법:** 각 자연수의 소인수분해를 한 후 공통된 부분은 한번씩만 넣어서 모든 소인수들의 곱을 계산.

예를 들어 12와 18의 경우, $12 = 2 \times 2 \times 3$, $18 = 2 \times 3 \times 3$ 을 비교하면, 공통 부분은 2×3 이므로 $(2 \times 3) \times 2 \times 3 = 36$이 최소공배수가 된다. ($36 = 12 \times 3 = 18 \times 2$)

확인 문제

1. 다음 중 소수(솟수)가 아닌 것은? … (　　　)
① 7　　② 23　　③ 31　　④ 91

2. 다음 수들을 소인수분해 하시오.
(1)　32 = (　　　　　　　　　　　)
(2)　72 = (　　　　　　　　　　　)

3. 다음 수들의 약수의 개수를 적으시오
(1) 36 ➜ (　　　　　)　　(2) 50 ➜ (　　　　　)

4. 다음 중 잘못된 것은? … (　　　　)
① 모든 소수(솟수)는 홀수이다.　　② 1은 소수(솟수)가 아니다.
③ 소수끼리의 공약수는 1뿐이다.　④ 모든 짝수는 2의 배수이다.

5. 다음 두 수의 공약수 개수와 최대공약수를 쓰시오.
(1)　45,　75 … (　　　　　),　(　　　　　　　)
(2)　72,　84 … (　　　　　),　(　　　　　　　)

6. 다음 두 수의 공배수 3개와 최소공배수를 쓰시오.
(1)　24,　36 … (　　　　　),　(　　　　　　)
(2)　11,　13 … (　　　　　),　(　　　　　　)

7. 다음 중 잘못 된 것은? … (　　　　)
① 두 자연수의 공배수는 공약수의 배수이다.
② 두 자연수의 공배수는 최소공배수의 배수이다.
③ 두 자연수의 곱은 그 최대공약수와 최소공배수의 곱과 같다.
④ 두 소수의 최대공약수는 없다.

8. 준형이와 그 외삼촌이 계단을 처음부터 오르는데, 준형이는 네 칸씩, 외삼촌은 여섯 칸씩 뛰어 오른다면, 두 사람 발이 모두 닿는 칸은 가장 먼저 몇 번째 칸이 될까요?
… (　　　　　　)

14

1-3 분 수

 분수(Fraction)의 개념

▷ **분수란?** 정수 A를 0이 아닌 정수 B로 나눈 모양이 분수이며 $\dfrac{A}{B}$ 로 쓰고 B분의 A라고 읽는다 (A over B, 또는 A out of B). 이 중 A는 분자(Numerator), B는 분모(Denominator)라고 한다.

이를테면, 케이크 한 개의 $\dfrac{1}{5}$ (one fifth)이란 케이크 한 개인 1을 똑같은 5조각으로 쪼개어 나눈 것 중 그 한 조각을 나타내는 숫자 표현이다. $\dfrac{1}{5}$ 을 5개 더하면 다시 1이 된다.

 진분수/가분수/대분수

▷ **진분수(Proper fraction):** 분자가 분모보다 작은 수 (따라서 1보다 작은 수).
예: $\dfrac{5}{6}$, $\dfrac{1}{8}$

▷ **가분수(Improper fraction):** 분자가 분모보다 같거나 큰 수 (따라서 1 이상의 수).
예: $\dfrac{6}{5}$, $\dfrac{3}{3}$, $\dfrac{8}{6}$

▷ **대분수(Mixed number):** 가분수를 정수와 진분수의 합의 모양으로 나타낸 것
예: $\dfrac{6}{5}$ =1+$\dfrac{1}{5}$ → $1\dfrac{1}{5}$. $5\dfrac{2}{3}$ (= 5+$\dfrac{2}{3}$) (Five and two third)

▷ **대분수를 가분수로 바꾸는 법:** $2\dfrac{1}{6}$ → $2 + \dfrac{1}{6}$ = $\dfrac{2\times6}{6} + \dfrac{1}{6} = \dfrac{2\times6+1}{6} = \dfrac{13}{6}$

▷ **가분수를 대분수로 바꾸는 법:** $\dfrac{14}{5}$ → 14 ÷ 5 = 2 (몫) ... 4 (나머지) → $2\dfrac{4}{5}$

▷ **약분(reduction of fraction)이란?** 분자와 분모를 같은 수로 나누어 더 간단히 만드는 것. 예를 들면, $\frac{8}{6}$ 는 분자와 분모를 2로 나누면 → $\frac{4}{3}$, $\frac{12}{18}$ 은 분자와 분모에 2를 나누면 $\frac{6}{9}$ 으로 약분 되고, 또 다시 분자와 분모에 3을 더 나누면 결국 $\frac{2}{3}$ 로 더 약분이 된다.

▷ **기약 분수(Irreducible fraction):** 약분을 계속하여 더 이상 약분이 되지 않는 가장 간단한 분수. 예를 들면, $\frac{1}{6}$, $\frac{8}{9}$, $\frac{7}{5}$

▷ **분수의 덧셈과 뺄셈:** 분자, 분모에 같은 수를 곱하는 방법으로 각 분수의 분모를 통일(통분)시킨 후 분자끼리 덧셈 혹은 뺄셈. 예를 들면, $\frac{1}{6} + \frac{2}{6} = \frac{1+2}{6} = \frac{3}{6} = \frac{1}{2}$, $\frac{1}{3} - \frac{1}{6} = \frac{2}{6} - \frac{1}{6}$ $= \frac{2-1}{6} = \frac{1}{6}$, $\frac{1}{2} + \frac{2}{3} = \frac{1\times3}{2\times3} + \frac{2\times2}{3\times2} = \frac{3}{6} + \frac{4}{6} = \frac{7}{6}$

▷ **분수에 자연수를 곱하고 나누기:** 곱하는 자연수는 분자에 곱하며 나누는 자연수는 분모에 곱한다. 예를 들면, $\frac{3}{4} \times 5 = \frac{3\times5}{4} = \frac{15}{4}$, $\frac{3}{4} \div 5 = \frac{3}{4\times5} = \frac{3}{20}$

▷ **어떤 수에 분수 $\frac{1}{N}$ 을 곱한다는 의미 :** $\frac{1}{N}$ 을 곱하는 것은 분모인 N으로 나누는 것과 같은 것으로 약속. 예를 들면, $5 \times \frac{1}{3} = 5 \div 3 = \frac{5}{3}$

▷ **어떤 수에 분수 $\frac{1}{N}$ 을 나누기 :** 분모인 N을 곱하는 것과 같다. 예를 들면, $5 \div \frac{1}{3} = 5 \times 3$ $=15$ (5는 $15 \times \frac{1}{3}$ 과 같다)

▷ **분수끼리의 곱셈:** 분자는 분자끼리, 분모는 분모끼리 곱한다. 예를 들면, $\frac{1}{2} \times \frac{1}{3} = \frac{1\times1}{2\times3} = \frac{1}{6}$, $\frac{3}{4} \times \frac{2}{3} = \frac{3\times2}{4\times3} = \frac{6}{12} = \frac{1}{2}$

▷ **역수(Inverse number):** 두 수의 곱이 1이 될 때 그 수들은 서로 역수라고 말한다. 따라서 분수의 경우 분자와 분모를 바꾼 수가 곧 역수가 된다, 예를 들면, 3의 역수는 $\frac{1}{3}$ 이며, $\frac{3}{4}$ 의 역수는 $\frac{4}{3}$ 이다.

▷ **분수끼리의 나눗셈:** 나누는 분수의 역수를 곱한다 예를 들면, $\frac{1}{2} \div \frac{1}{4} = \frac{1}{2} \times \frac{4}{1} = \frac{1\times4}{2\times1} = \frac{4}{2} = 2$, $\frac{3}{4} \div \frac{2}{3} = \frac{3}{4} \times \frac{3}{2} = \frac{3\times3}{4\times2} = \frac{9}{8}$

1. 다음 중 진분수가 아닌 것은? … (   )

① $\dfrac{3}{4}$ ② $\dfrac{9}{8}$ ③ $\dfrac{6}{12}$ ④ $\dfrac{1}{1000}$

2. 다음 중 대분수는 가분수로 바꾸고 가분수는 대분수로 바꾸시오.

(1) $5\dfrac{2}{7}$ → (   )   (2) $\dfrac{250}{8}$ → (   )

3. 다음 중 기약 분수가 아닌 것은? … (   )

① $\dfrac{5}{27}$ ② $\dfrac{19}{8}$ ③ $\dfrac{9}{48}$ ④ $\dfrac{21}{1000}$

4. 다음 계산들을 하시오

(1) $\dfrac{1}{6} + \dfrac{2}{3}$ =   (2) $\dfrac{4}{5} - \dfrac{3}{7}$ =

(3) $25 - \dfrac{150}{8}$ =   (4) $12 \times \dfrac{7}{48}$ =

(5) $\dfrac{9}{23} \div 18$ =   (6) $\dfrac{9}{25} \times \dfrac{5}{18}$ =

(7) $12 \div \dfrac{8}{15}$ =   (8) $\dfrac{10}{24} \div \dfrac{5}{18}$ =

5. 준형이는 세뱃돈으로 받은 돈의 $\dfrac{1}{5}$ 을 장난감을 사고 그 나머지의 $\dfrac{1}{2}$ 을 저축을 하였다고
합니다. 지금 준형이에게 남은 돈이 6만원이라면 처음 세배로 받은 돈은 모두 얼마일까요?
… (   )

6. 다음 (   )안에 들어 갈 숫자를 구하시오

(1) $\dfrac{6}{15} -$ (   ) $= \dfrac{1}{3}$ (2) (   ) $\times \dfrac{3}{4} = 5$

18

메 모 장

1-4 소 수

소수의 개념

▷ **소수(Decimal fraction)란?** 1보다 작은 수를 소수점을 통해 표현

▷ **십진수 0.1이란? 0.01이란?** $0.1 = \dfrac{1}{10}$, $0.01 = \dfrac{1}{100}$, $0.001 = \dfrac{1}{1000}$ .....

▷ **0.2란? 0.003이란? 12.345란?** $0.2 = 0.1 \times 2 \ (= \dfrac{2}{10})$, $0.003 = 0.001 \times 3 (= \dfrac{3}{1000})$,

$12.345 = 12(정수\ 부분) + 0.3 + 0.04 + 0.005$

▷ **소수를 10, 100, 1000, 10000 등의 수로 곱하기와 나누기:** 곱하는 수의 0의 수만큼 소수점을 한자리씩 오른 쪽으로 이동.

예를 들면, $0.345 \times 10 = 3.45$, $0.345 \times 100 = 34.5$, $0.345 \times 10000 = 3450$ (숫자가 없으면 0을 붙이면서 소수점 이동). 나누는 경우는 0의 수만큼 소수점을 왼쪽으로 이동.

예를 들면, $34.5 \div 10 = 3.45$, $34.5 \div 100 = 0.345$, $34.5 \div 1000 = 0.0345$

▷ **어림(근사치 Estimation)계산 (올림/버림/반올림):** 어느 자리에서 올림을 한다는 것은 그 자리 수 이하가 모두 0이 아닌 한 그 자리 이하의 수를 모두 버리고 그 윗자리로 1을 올리는 것. 버림을 한다는 것은 그 자리 수 이하의 값을 모두 버리는 것이다.

반면, 반올림(Rounding to the nearest integer)은 그 자리수의 값이 5이상이면 올림을 하고, 그 미만이면 버림.

예를 들면, 2.35을 소수점 이하 첫째 자리까지 근사치로 나타내려면, 둘째 자리에서 올림을 하면 2.4, 버림을 하면 2.3, 반올림을 하면 2.4가 된다.

▷ **소수들의 덧셈과 뺄셈:** 소수점 자리 위치를 서로 맞추어서 계산

예를 들면,

$$
\begin{array}{r}
1.93 \\
+\ 13.1 \\
\hline
15.03
\end{array}
\qquad
\begin{array}{r}
28.7 \\
-\ 9.15 \\
\hline
19.55
\end{array}
$$

▷ **소수들의 곱셈:** 각 소수의 소수점을 오른 쪽으로 이동하여 만든 정수들의 곱셈을 한 후에, 처음 두 소수의 소수 이동 개수의 합만큼 소수점을 오른 쪽 끝에서 하나씩 왼편으로 이동하면 된다.

예를 들면, 1.23×0.4 는 $123 \times 4 = 492$를 계산 후 소수점 2+1=3개 만큼 다시 왼편 이동하면, 0.492가 답이 된다. 다른 방식으로 계산해 보면,

$$1.23 \times 0.4 = (123 \div 100) \times (4 \div 10) = \frac{123}{100} \times \frac{4}{10} = \frac{123 \times 4}{100 \times 10} = \frac{492}{1000} = 0.492$$

▷ **소수를 정수로 나누기:** 소수점이 없는 나눗셈처럼 계산을 한 후 피제수와 소수점 위치를 오른 쪽 끝에서부터 같은 위치에 맞춘다. 피제수의 소수점 아래 우측 끝에는 필요 시 0을 더 붙여도 된다. 예를 들면, $12.2 \div 4$의 경우 $4 \overline{)12.20}^{\,3.05}$ 계산으로 3.05가 답이 된다.

▷ **소수들의 나눗셈:** 나누는 소수의 소수점을 오른 쪽으로 몇 자리 이동하여 정수를 만들며, 그 이동 개수만큼 피제수의 소수점도 오른 쪽으로 이동시킨 후 나눗셈 계산. 예를 들면,

$1.22 \div 0.4 = 12.2 \div 4 = 3.05$

▷ **분수를 소수로 바꾸는 법:** 나눗셈을 소수점 이하까지 계속.

예를 들면, $\frac{3}{10} = 3 \div 10 = 0.3$, $\frac{7}{4} = 7 \div 4 = 1.75$, $\frac{10}{3} = 3.3333\ldots$ ($3.\dot{3}$ 으로도 표시 되며 3이 무한히 순환되어 순환소수(recurring decimal)라고 부른다.) 소수들 중 0.3, 1.75 처럼 소수점 이하의 숫자가 어느 시점에서 끝나면 **유한소수(finite decimal)**, 반면 3.3333…. 처럼 무한히 끝나지 않으면 **무한소수(Infinite decimal)**라고 부른다.

▷ **유한 소수를 분수로 바꾸는 법:** 소수에 소수점을 뗀 수를 분자로 하고, 1 우측에 원래 소수의 소수점 이하의 개수만큼 0을 붙인 수 (100…)를 분모로 한다. 필요 시 약분을 한다.

예를 들면, $0.9 = \frac{9}{10}$, $0.125 = \frac{125}{1000}$ (약분까지 하면 $\frac{1}{8}$), $12.073 = \frac{12073}{1000}$

1. 다음 중 가장 작은 소수는? … (   )

① 1.0035   ② 0.097   ③ 0.102   ④ 0.5

2. 다음 중 소수점 첫째 자리까지 나타낸 근사치가 17.6이 되지 않는 것은? … (   )

① 17.564의 반올림   ② 17.692의 버림

③ 17.601의 올림   ④ 17.649의 반올림

3. 다음 계산을 하시오.

(1) 7.025 × 100 =   (2) 12.05 ÷ 10 =

(3) 8.04 × 10000 =   (4) 30.372 ÷ 1000 =

4. 다음 소수들의 계산 결과를 소수 형식으로 나타내시오

(1) 0.61 + 7.4 =   (2) 15 – 3.05 =

(3) 20.25 × 0.4 =   (4) 4.5 ÷ 0.04 =

5. 다음 중 소수는 기약분수로, 분수는 소수로 바꾸시오.

(1) 10.75 = (   )   (2) 7.102 = (   )

(3) $5\frac{1}{50}$ = (   )   (4) $\frac{8}{30}$ = (   )

6.   다음 4개의 숫자들 중 숫자의 크기가 큰 순서대로 쓰시오

[$\frac{7}{3}$, 2.3, $2\frac{1}{4}$, 2.2555] ….. (   )

7. 다음 중 유한 소수가 되지 않는 것은? … (   )

① $\frac{127}{4}$ ② $\frac{1.5}{25}$ ③ $3\frac{8}{7}$ ④ $\frac{30}{8}$

8.   10의 자리에서 올림을 하면, 600이 되고 10의 자리에서 반올림을 하면 500이 되는 자연수의 총 개수는? … (   )

메 모 장

1-5 비율과 비례

🪐 비와 비율

▷ **비(Ratio)란?** 어떤 수치들을 ':' (콜론 Colon)을 사용해 서로 대비시켜 비교하는 개념. 예를 들면, A의 길이와 B의 길이가 1:2 ("일대 이")라고 한다면, B의 길이가 A 길이의 두 배가 되는 셈이다.

▷ **비율(Rate)이란?** 둘 사이의 비의 값을 나타내는 개념으로 비의 앞부분(→분자)에 비의 뒷부분(→분모)을 나눈 값.

예를 들면, 2에 대한 1의 비율은 1:2로 표현하며 그 값은 $\frac{1}{2}$ (또는 0.5)이 된다.

또한, 3:4 = $\frac{3}{4}$ (또는 0.75)

🪐 백분율(%)과 할,푼,리

▷ **백분율(Percentage)이란?** 전체를 100으로 보았을 때의 해당 수치의 상대적인 값을 나타내는 개념으로 단위는 % ("퍼센트" Percent)로 나타낸다.

예를 들면, 사과 1상자가 50개일 때, 그 중 10개를 백분율로 나타내면, 10:50 = $\frac{10}{50}$ = $\frac{20}{100}$ = 20:100 이므로 20%가 된다. (사과가 50개 중 10개이면, 100개중에는 20개와 같은 비율이 된다는 의미)

▷ **백분율 계산법:** 전체 수치에 대한 해당 수치의 비율에 100을 곱하면 백분율 값 (%)이 나온다. 즉, 해당 수:전체 수=(   ):100을 계산하려면, $\frac{해당수}{전체수} = \frac{백분율}{100}$ 이므로, 양 변에 100을 곱하여 $\boxed{백분율(\%) = \frac{해당수}{전체수} \times 100}$

예를 들면, 사과 1상자 50개에 대한 15개의 백분율은 $\frac{15}{50} \times 100 = 30\%$.

▷ **할,푼,리:** 전체에 대한 비율의 값을 소수로 나타내있을 때, 소수 첫째 자리 수의 단위는 할($\frac{1}{10}$ = 0.1), 소수 둘째 자리 수의 단위는 푼($\frac{1}{100}$ = 0.01), 소수 셋째 자리 수의 단위는 리($\frac{1}{1000}$ =0.001)로 표현한다. 예를 들면, 비율이 0.251이면 2할5푼1리로 읽으며, 이를 백분율로 나타내면, 25.1%.

연비의 계산

▷ **연비(Continued ratio)란?** 3개 이상의 항목을 함께 비로 나타낸 것.
예를 들면 2:3:5 같은 것이다.

▷ **연비대로 분배하는 계산:** 예를 들어, 50개의 사과를 2:3:5로 나누려면, $2+3+5=10$으로 각 항을 나눈 분수 값 즉, $\frac{2}{10}$, $\frac{3}{10}$, $\frac{5}{10}$ 만큼 각각 분배하면 된다. 즉, $50 \times \frac{2}{10} = 10$, $50 \times \frac{3}{10} = 15$, $50 \times \frac{5}{10} = 25$가 되어 10개, 15개, 25개로 나누면 된다. 이 분배가 맞는지 확인을 해보면, 10:15:25 = 2:3:5이며, 또한 그 합이 $10+15+25=50$개이므로 제대로 분배를 한 셈.

비례식

▷ **비례(Proportion)란?** 비율 관계를 비교하는 식. 예를 들면 1:2 = 3:6.
▷ **비례식의 성질:**
1) 각 비율을 분수로 나타내어도 식은 성립한다.
  예) 2:4 = 3:6의 경우 $\frac{2}{4} = \frac{3}{6}$도 성립
2) 양변 비의 순서를 함께 뒤바꾸어도 식은 성립한다.
  예) 3:5 = 6:10의 경우 5:3 = 10:6도 역시 성립.
3) 비율의 각 항에 같은 자연수를 곱하거나 나누어도 마찬가지다.
  예) 비율 3:7 각 항에 5씩 곱하면 15:35로 3:7 = 15:35이다.
4) 비례식의 내항끼리 곱한 값과 외항끼리 곱한 값은 같다.
  예) 비례식 4:6 = 12:18의 경우 $6 \times 12 = 4 \times 18$가 성립
5) 비례식의 앞 항끼리의 비율과 뒤 항끼리의 비율은 같다.
  예) 2:4 = 3:6의 경우 2:3 = 4:6도 성립

1. 다음 중 그 비율이 다른 셋과는 다른 것은? ... (   )
① 6:15   ② 3:5   ③ 12:30   ④ 18:45

2. 다음 비율이나 분수를 백분율로 표시하시오

(1) 12:25 = (   )   (2) $\frac{24}{40}$ = (   )

3. 백분율은 할푼리로, 할푼리는 백분율로 나타내시오
(1) 18.5% → (   )
(2) 17할 9리 → (   )

4. 준형이네 반은 모두 25명인데, 지난 체육 시간에 축구를 한 사람은 12명, 농구를 한 사람은 4명, 나머지는 모두 피구를 했다고 합니다.
이 중 피구를 한 사람은 반 전체 학생의 몇 %였습니까? ... (   )

5. 준형이 어머니는 100개 들이 귤 한 박스를 사와서 현성이네 집과 세준이네 집과 함께 준형네:현성네:세준네=10:6:4로 나누기로 했다고 합니다. 다음 각 질문에 답하시오
(1) 준형이네 집은 귤을 몇 개 가져올까요? … (   )
(2) 현성이네 집은 귤 한 상자 중 몇 %를 가져갈까요? ... (   )

6. 다음 중 (   ) 안에 들어갈 알맞은 수는?
(1) 15:21 = 20: (   )
(2) 12:30 = (   ):45

7. 가:나 = 다:라 일 때, 다음 중 잘 못 된 것은? ... (   )
① 나:가 = 라:다   ② 가×라 = 나×다
③ 가:다 = 나:라   ④ 가:나 = (가+2):(나+2)

8. 어느 집을 짓는 데, 10명의 일꾼이 하루 8시간씩 30일간 일을 하면 모두 끝낼 수 있다고 합니다. 그런데, 20명의 일꾼이 하루 12시간씩 일하면 며칠 만에 집을 완료할 수 있을까요?
...... (   )

메 모 장

1-6 정수의 계산

십진법 체계 (Decimal system)

▷ **십진법(Base 10)의 자리 수(Digit) 개념:** 가장 오른 쪽이 일의 자리 수, 그 다음이 십(10)의 자리 수, 그 다음이 백($100 = 10^2$)의 자리 수, 그 다음은 천($1000 = 10^3$)의 자리 수,… 이런 수를 십진수라고 한다.

▷ **십진법을 쓰는 이유?** 손가락의 개수 = 10개. 10은 1이 10개 모인 것, 100은 10이 10개 모인 것 (10×10 또는 10^2), 1000은 100이 10개 모인 것 (100×10 또는 10^3), … 예를 들어, 십진수 205는? 100이 2개, 10은 0개 (없음), 1이 5개 있는 수. 즉, $205 = (2 \times 10^2) + (0 \times 10^1) + (5 \times 1)$

자연수(Natural number)와 읽기

▷ **자연수란?** 1, 2, 3, 4, 5, ……등과 같이 개수를 세기 위한 가장 기본적인 수의 개념 홀수(Odd number)는 1, 3, 5, 7, 9, …. 짝수(Even number)는 2, 4, 6, 8, 10, …

▷ **자연수의 개수는?** 무한히 많다. 그 수를 "무한대(Infinity)"라고 표현 왜 그럴까? 만일 유한 개만 있다고 가정해보자. (그 중 가장 큰 수)+1도 자연수임이 분명한데, 이것은 더 큰 자연수이므로 모순. 따라서 가정이 잘못 되었다.

▷ **동양의 읽기 방식:** 네 자리씩 분리 (만, 억, 조, 경, 해, …)하여 읽는다. 10000 일만, 100000000 일억, 1000000000000 일조,…. 예를 들어, 253174906을 우리말로 읽으면? (2 5317 4906로 네 자리씩 분리하며 읽음 ➜ "이억 오천삼백십칠만 사천구백육")

▷ **서양의 읽기 방식:** 세 자리씩 분리하여 읽으며, 쓸 때도 세 자리 마다 쉼표(comma)를 넣는다. 1,000 one thousand, 1,000,000 one million, 1,000,000,000 one billion, …. 예를 들어, 253174906를 영어로 읽으면? (253,174,906로 쓰며 세 자리씩 분리하며 읽음 ➜ two hundred fifty three million, one hundred seventy four thousand, nine hundred six)

▷ **이상(not less than)/ 이하(not more than)/ 미만(below)/ 초과(above)의 차이:** 같거나 더 큰 것을 '이상', 같거나 더 작은 것을 '이하, 더 작은 것을 '미만', 더 큰 것을 '초과'라고 한다. 예를 들면, 7 이상의 한자리 자연수는 7,8,9 이고, 7 초과의 한자리 자연수는 8,9 이며, 5 이하의 자연 수는 1, 2, 3, 4, 5 이고, 5 미만의 자연수는 1, 2, 3, 4가 된다.

▷ **0의 개념:** 개수가 아무 것도 없다는 개념. $7-7 = 0$, $5+0 = 5$, $9-0 = 9$,

▷ **0을 곱한다는 것:** 어떤 수에 0을 곱하면 항상 0이 되는 것으로 약속. 따라서 $3 \times 0 = 0$, 또한 $0 \times 3 = 0$ ($0 \times 3 = 0+0+0 = 0$)

▷ **0으로 나눌 수 있을까?** 어떤 수에도 0으로 나눌 수는 없다. 즉, $4 \div 0$은 답이 없다. 또한 어떤 수에도 0을 곱하면 0이 되므로 $0 \div 0$도 하나의 값을 대응할 수 없다. 결론적으로 0으로는 나눌 수는 없다.

▷ **음의 정수(Negative integer)란?** $-1, -2, -3, -4, -5, ...$ ('-'를 마이너스 Minus'라고 읽는다.)처럼 자연수에 마이너스를 붙인 수를 음의 정수라고 한다. 나중 전체에서 그만큼 빼주어야 할 숫자의 의미로 돈으로 본다면 갚아야 하는 부채 개념의 수로 이해하면 된다.

예를 들어, $3-5+4$의 계산을 한다고 할 때, 처음 $3-5$는 -2로 일단 표시하고 다시 4를 더하면 $-2+4 = 4-2 = 2$로 계산할 수 있다.

▷ **정수의 체계 :** 정수(Interger)란 양의 정수(Positive integer, 자연수), 0(Zero), 그리고 음의 정수(Negative interger)를 모두 포함한 영역. (정수는 아니더라도 마이너스 부호가 붙은 모든 수를 음수, 마이너스 부호가 없거나 플러스 부호가 붙은 모든 수를 양수라고 부른다.)

▷ **정수의 크기 비교 :** 항상, 양의 정수 $>$ 0 $>$ 음의 정수이며, 따라서 $3 > 0 > -5$ 이다. 또한 음의 정수끼리의 크기 비교는 $-$ 부호를 뺀 숫자 자체의 크기 (절대값 Absolute value) 가 작을수록 더 크다. 예를 들면, $-10 < -3 < -1 < 0$

▷ **음수에 마이너스를 또 붙이면?** 그 음수의 부호를 반대로 잡은 양수를 의미하는 것으로 약속한다. 예를 들면, $-(-5)=5$

▷ **음수+음수 계산:** 두 수의 절대값의 합에 마이너스를 붙인다.

예를 들면, $(-2)+(-3)=-(2+3)=-5$. 따라서 $(-2) \times 3=(-2)+(-2)+(-2)=-6$

▷ **양수+음수 또는 음수+양수 계산:** 양수의 절대값이 음수의 절대값보다 클 때는 양수의 절대값에 음수의 절대값을 뺀다. 예를 들면, $3+(-2)=3-2=1$, $-2+3=3-2=1$

한편, 음수의 절대값이 양수의 절대값보다 클 때에는 음수의 절대값에 양수의 절대값을 뺀 수에 마이너스 부호를 붙인다. 예를 들면, $2+(-3)= -(3-2)=-1$, $-3+2=-(3-2)=-1$

▷ **양수를 더 큰 양수로 빼면?** 어떤 수에 더 큰 양수로 빼는 것은 빼는 양수의 부호를 음수로 바꾸어 더하는 것과 같다. 예를 들면 $5-10 = 5+(-10)$가 되어 $-(10-5)=-5$

▷ **음수로 뺀다는 것 :** 어떤 수에 음수를 뺀다는 것은? $10-(-5) = 10+5= 15$처럼 마이너스를 뗀 양수를 더하는 것으로 약속.

▷ **음수로 곱하거나 나눈다는 것:** 어떤 수에 -3을 곱한다는 것은 그 수에 3을 곱한 후, $-$를 붙여 그 부호를 반대로 잡는다는 것을 약속.

따라서 $5 \times (-3) = -(5 \times 3) = -15$, $-5 \times (-3) = -(-15) = 15$.

음수로 나눈다는 것도 같은 방식. 즉, $6 \div (-3) = -2$, $-6 \div (-3) = 2$.

확인 문제

1. 다음 ( ) 안에 각각 알맞은 숫자를 넣으시오
100000은 (   )이 10개 모인 수이며, 10을 (   )번 곱한 수이다.

2. 십진법 숫자 2351은 $2 \times 1000 + 3 \times 100 + 5 \times 10 + 1$로 표시할 수 있습니다. 그럼, 10956을 같은 방식으로 나타내어 보시오.
(   )

3. 숫자 73501064를 우리 말 읽기로 써 보시오.
(   )

4. 다음 중 정수들의 계산 결과가 0이 아닌 것은? … (   )
① $15 \times 0 =$ ② $0 \times 9876 =$
③ $999 \div 0 =$ ④ $0 \div 999 =$

5. 다음 중 그 계산 결과가 항상 짝수가 아닌 것은? … (   )
① 짝수 + 짝수   ② 짝수 × 홀수
③ 홀수 + 홀수   ④ 짝수 ÷ 짝수

6. 다음 정수들 중 크기가 큰 순서대로 쓰시오
[85,   -7,   0,   -876,   503,   -891]
(   )

7. 다음 계산들을 하시오
(1) $-15 + 9 =$ (2) $-18 + 75 =$
(3) $-73 - 95 =$ (4) $-501 - (-109) =$
(5) $50 \times (-40) =$ (6) $-101 \times (-50) =$
(7) $500 : 25 -$ (8) $-10000 \div (-50) -$

8. 30이상 80이하의 짝수는 모두 몇 개일까요? … (   )

메 모 장

1-7 진법

진법의 개념

▷ **진법(Notation)이란?** 일정 개수의 한 묶음이 되면 왼쪽으로 자리 넘김을 하는 숫자 표시법

▷ **십진법(Decimal notation):** 우리가 통상으로 쓰는 10개 묶음 단위의 숫자 표시법. (십진법 수를 줄여서 '십진수')

▷ **이진법(Base 2 또는 Binary system):** 컴퓨터에 주로 사용되는 진법. 각 자리를 0(꺼짐)와 1(켜짐) 두 가지로만 표시. 2가 되면 자리를 넘겨서 10으로 표시. 3이 되면 11로 표시하고, 4가 되면 100으로 표시한다. 5는 101, 8 (=2×2×2)은 이진수로 1000.

▷ **오진법(Base 5):** 각 자리를 0, 1, 2, 3, 4 다섯 가지로만 표현. 5가 되면 넘겨서 10으로 표시. 6은 11, 7은 12, 8은 13, 9는 14, 10은 20, 11은 21로 표시한다. 5×5 = 25가 되면 오진수로 100으로 표시.

이진법 계산

▷ **이진수를 십진수로 바꾸기:** 오른쪽에서 첫 자리는 ×1, 둘째 자리는 ×2, 셋째 자리는 ×(2×2), 넷째 자리는 ×(2×2×2), 다섯째 자리는 ×(2×2×2×2), …. 이런 식으로 계산. 예를 들면, 이진수 10110 은 1×16 + 0×8 + 1×4 + 1×2 + 0×1 = 16 + 4 + 2 = 22가 된다.

▷ **십진수를 이진수로 바꾸기:** 해당 십진수를 2로 나눈 나머지가 오른쪽 일의 자리 수이며 그 몫이 2이상이면 또 2로 나누어 그 나머지는 그 다음 자리 수가 되고 그 몫이 2이상이면 또 2로 나눈다. 이런 식으로 몫이 1이 될 때까지 계속. 그 때 1이 가장 큰 자리의 값. 예를 들면, 십진수 20은 2로 나눗셈을 계속해 보면, 이진수 10100이 된다.

▷ **이진수의 덧셈과 뺄셈:** 덧셈에서는 해당 자리의 계산 값이 2가 되면 다음 자리로 1이 올라간다는 점에 유의. 뺄셈에서는 해당 자리에서 빼는 수가 더 크면, 앞 수의 다음 자리에서 1을 빌려와 계산. 예를 들면, 1011 + 110 = 10001, 1011 − 110 = 101.

▷ **오진수를 십진수로 바꾸기:** 오른쪽에서 첫 자리는 ×1, 둘째 자리는 ×5, 셋째 자리는 ×(5×5), 넷째 자리는 ×(5×5×5), 다섯째 자리는 ×(5×5×5×5), …. 이런 식으로 계산.

예를 들면, 오진수 4023 은 $4 \times 125 + 0 \times 25 + 2 \times 5 + 3 \times 1 = 500 + 10 + 3 = 513$이 된다.

▷ **십진수를 오진수로 바꾸기:** 해당 십진수를 5로 나눈 나머지가 오른쪽 일의 자리 수이며 그 몫이 5이상이면 또 5로 나누어 그 나머지는 그 다음 자리 수가 되고 그 몫이 5이상이면 또 5로 나눈다. 이런 식으로 몫이 5이하가 될 때까지 계속. 그 때 마지막 몫이 가장 큰 자리의 값.

예를 들면, 십진수 103은 5로 나눗셈을 계속해 보면, 오진수 403이 된다.

▷ **오진수의 사칙 연산:** 덧셈과 뺄셈은 이진수 계산 방식처럼 계산, 곱셈과 나눗셈은 십진수로 변환 후 십진법의 곱셈, 나눗셈 계산을 한 다음 다시 오진수로 변환하는 것이 더 편리.

▷ **이진수를 오진수로 바꾸기:** 이진수를 십진수로 바꾼 다음, 십진수를 다시 이진수로 바꾸면 된다. 그 반대도 마찬가지.

▷ **이진수의 소수를 십진수로 바꾸기:** 이진법의 소수점 첫째 자리는 $\times \frac{1}{2}$, 둘째 자리는 $\times \frac{1}{2 \times 2}$, 셋째 자리는 $\times \frac{1}{2 \times 2 \times 2}$, … 이런 식으로 계산.

예를 들면, 이진수 0.1011 은 $1 \times \frac{1}{2} + 0 \times \frac{1}{4} + 1 \times \frac{1}{8} + 1 \times \frac{1}{16} = \frac{1}{2} + \frac{1}{8} + \frac{1}{16} = \frac{8+2+1}{16} = \frac{11}{16} = 0.6875$

▷ **십진수의 소수를 오진수로 바꾸기:** 해당 소수에 5를 곱한 정수 부분이 오진수의 소수점 첫째 자리 값이 된다. 그 정수 부분을 0으로 처리한 소수에 또 다시 5를 곱하여 만들어 지는 정수 값이 소수점 둘째 자리 값이 되고,…. 이런 식으로 계속 진행.

예를 들면, 십진수 0.712를 오진수로 바꾸자면, $0.712 \times 5 = 3.56$, 다시 $0.56 \times 5 = 2.8$, $0.8 \times 5 = 4$. 따라서 오진수는 0.324가 된다.

확인 문제

1. 다음 중 오진수가 될 수 없는 것은? … (   )
① 34   ② 101   ③ 0.43   ④ 3.5

2. 다음 이진수를 십진수로 바꾸시오
(1) 11011 → (   )   (2) 111.1 → (   )

3. 다음 십진수를 오진수로 바꾸시오
(1) 85 → (   )   (2) 108.2 → (   )

4. 다음 이진수끼리의 계산 결과를 이진수로 쓰시오.
(1) 11010 + 1111 = (   )
(2) 10101 – 1010 = (   )

5. 다음 이진수를 오진수로 바꾸시오.
111011 → (   )

6. 다음 오진수의 계산을 하시오.
(1) 0.401 – 0.032 = (   )
(2) 102 × 34 = (   )

7. 다음 이진수 소수를 십진수 소수로 바꾸시오
101.0101 → (   )

8. 다음 십진수 소수를 오진수 소수로 바꾸시오.
(1) 0.84 → (   )
(2) 80.08 → (   )

9. 다음 중 잘 못 계산한 것은?
① 이진법 계산: 11111 + 11111 = 111110
② 오진법 계산: 10000 – 1111 = 4444
③ 8진법 계산: 1234 + 567 = 2023
④ 16진법 계산: 100 – 99 = 67

메 모 장

1-8 도형

평면도형

▷ **점(Point)/선(Line)/각(Angle):** 평면이나 공간상의 위치를 나타내는 것이 점, 점의 이동 자취를 선 (두 개의 점 사이를 곧게 연결한 것이 선분 Line segment, 끝이 없이 무한정 곧게 뻗은 선을 직선 Straight line), 두 개의 선이 한 점을 공통점으로 서로 벌어진 정도를 각이라고 한다. (각의 단위는 °로 쓰고 "도" Degree라고 읽는다.)

▷ **다각형(Polygon):** 일직선 상에 있지 않은 세 개의 점(도형의 '꼭지점' Vertex)을 세 개의 선분(도형의 '변' Side)으로 연결한 도형을 삼각형(Triangle)이라고 라며, 네 개의 꼭지점, 네 개의 변으로 이루어진 도형은 사각형(Quadrangle), n개(3이상)의 변으로 이루어진 도형을 n각형이라고 한다. (통칭하여 다각형)

▷ **원(Circle)과 지름(Diameter)/반지름(Radius):** 한 점에서 (원의 중심) 같은 거리에 있는 점들의 모임을 원이라 한다. 원의 중심을 지나 원의 양 끝에 닿는 선분의 길이를 지름이라고 하며, 그 절반(중심에서 원까지의 거리)을 반지름이라고 한다.
원의 둘레(원주)의 길이는 원주율(3.14)×지름, 원의 면적은 원주율(3.14)×반지름×반지름

▷ **각의 종류:** 한 점을 기준으로 양측으로 일직선으로 벌어진 각을 180°로 정한다. 그 절반인 90°를 직각(Right angle)이라고 하며, 90°보다 작은 각을 예각(Acute angle), 90°보다 큰 각은 둔각(Obtuse angle).

▷ **평행(Parellel):** 두 개의 직선이나 두 개의 선분의 각 연장선들이 영원히 서로 만나지 않으면 이들은 서로 평행한다고 말한다.

삼각형의 성질

▷ **세 각의 합:** 모든 삼각형의 세 각의 합은 180°이다.

▷ **이등변 삼각형(Isosceles triangle):** 두 변의 길이가 같은 삼각형. 이 때 양 끝 각의 크기도 같다.

▷ **직각삼각형 (Right triangle):** 두 변이 90° 직각을 이루는 삼각형.

▷ **정삼각형 (Regular triangle):** 세 변이 같은 삼각형. 세 각은 모두 각각 60°가 된다. (60°×3 = 180°)

▷ **삼각형의 면적:** 밑변×높이×$\frac{1}{2}$ (사각형 면적의 절반)

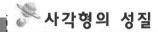

사각형의 성질

▷ **사다리꼴(Trapezoid):** 마주보는 한 쌍의 변이 평행인 사각형.

$$\text{사다리꼴의 면적} = (\text{밑변} + \text{윗변}) \times \text{높이} \times \frac{1}{2}$$

(같은 사다리꼴을 거꾸로 해서 옆에 붙인 평행사변형 면적의 절반)

▷ **평행사변형(Parellelogram):** 마주보는 두 쌍의 변이 평행인 사각형

▷ **마름모(Rhombus):** 네 변의 길이가 같은 사각형 (→대각선끼리 서로 수직이등분 한다.)

▷ **직사각형(Rectangle):** 네 각의 길이가 같은 사각형 (모두 90° 직각)

▷ **정사각형(Regular square):** 네 변의 길이와 네 각의 크기가 모두 동일

▷ **사각형 종류끼리의 포함 관계:** 정사각형→마름모/직사각형→평행사변형→사다리꼴→

(일반)사각형(quadrilateral)

▷ **사각형(평행사변형)의 면적:** 밑변 × 높이

각의 계산

▷ **동위각(Corresponding angle)과 엇각(alternate angle):** 아래 그림처럼 나란한 두 직선과 한 직선이 서로 교차할 때 같은 방향의 각들을 서로 동위각이라 하고, 서로 어긋나는 방향의 각들끼리를 서로 엇각 이라고 한다. (아래 그림에서 같은 표시의 각끼리는 동위각, 다른 표시 각끼리는 서로 엇각)

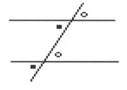

▷ **평행하는 두 직선 상에서의 동위각과 엇각:** 동위각과 엇각이 항상 같다. 역으로 동위각이나 엇각이 같으면 두 직선은 평행한다.

▷ **다각형의 내각의 합:** 다각형의 점(꼭지점)들을 이용해 내부에 채워 넣을 수 있는 삼각형의 개수를 고려하면, 삼각형은 180°, 사각형은 180×2=360°, 오각형은 180×3=540°, …

공간도형 (Space figure)

▷ **다면체(Polyhedron):** 공간 상의 평면(도형의 '면')의 개수에 따라 사면체, 오면체, 육면체 등으로 부른다. 모든 면이 꼭 같으면 정다면체.

▷ **구(Sphere):** 공간 상에서 한 점에서 같은 거리에 있는 점들의 모임.

▷ **각기둥(Prism)의 종류:** 밑변(임의의 수평 단면이 항상 같은 모양)의 도형 모양에 따라, 삼각기둥, 사각기둥, 원기둥(Cylinder)등으로 나눈다.

▷ **각뿔(Pyramid)의 종류:** 밑변 모양에 따라 삼각뿔, 사각뿔, 원뿔(Cone) 등

▷ **각 도형들의 부피:** 각기둥 부피=밑변 면적×높이, **각뿔의 부피**=밑변 면적×높이×$\frac{1}{3}$,

구의 부피 = 원주율(3.14)×(반지름)^3×$\frac{4}{3}$

1. 다음 중 다각형이 아닌 것은? … (   )
① 삼각형   ② 사각형   ③ 원   ④ 육각형

2. 반지름이 2 cm 인 원의 면적 대 원주의 길이의 비율은? … (   )

① 1   ② 4   ③ $\frac{1}{2}$ ④ 2

3. 다음 중 삼각형에 관한 잘못된 설명은? … (   )
① 정삼각형은 이등변 삼각형이다.
② 두 각이 같으면 이등변 삼각형이다.
③ 정삼각형은 모두 예각삼각형이다.
④ 정삼각형의 면적은 두 변의 곱과 같다.

4. 다음 중 사각형에 관한 잘못된 설명은? … (   )
① 마름모는 두 대각선이 서로 수직을 이룬다.
② 정사각형의 면적은 한 변의 길이 × 4 이다.
③ 평행사변형은 두 쌍의 마주보는 변의 길이가 각각 같다.
④ 직사각형은 사다리꼴의 일종이다.

5. 내각의 합이 1260° 인 다각형은 몇 각형일까요? … (   )

6. 다음 각들의 크기를 구하시오.
(1) x 각 + y 각의 합 … (   )   (2) 직사각형을 접은 후 x 각의 크기 … (   )

20°
x
y
30°

x
30°

7. 다각뿔 중 육면체에 해당하는 뿔 이름은? … (   )

8. 밑변의 길이가 7cm, 윗변의 길이가 5cm, 높이가 3cm 인 사다리꼴의 면적을 구하시오 …
(   )

메 모 장

1-9 측정

🪐 시간의 계산

▷ **시간의 단위 (초 Second/분 Minute/시 Hour/일 Day/주일 Week/월 Month/ 년 Year)**

60초 = 1분. 60분 = 1시간. 24시간 = 1일(오전/오후). 7일 = 1주일.

30일(28/29/30/31중 하나) = 1개월, 12개월 =1년

▷ **초와 분의 변환:** 분에다 60을 곱하면 초가 나오며, 초에다 60을 나누면 몫은 분이 되고 나머지는 60보다 작은 초가 된다. 예를 들면, 3분은 60×3 = 180초이며, 150초는 $150 \div 60$를 하면 몫은 2이고 나머지가 30이므로 2분30초와 같다.

▷ **분과 시간의 변환 :** 초/분의 변환처럼 60을 곱하거나 나누면 된다.

▷ **시간과 일의 변환 :** 일×24 는 시간이 되며, 시간÷24 을 하면 몫은 일수 나머지는 24보다 작은 시간이 된다. 예를 들면, 3일은 24×3 = 72시간이며, 100시간은 $100 \div 24$을 하면, 몫이 4이고 나머지가 4가 되므로 4일 4시간과 같다.

🪐 길이/넓이/부피의 도량형

▷ **길이(Length), 거리(Distance)의 단위 (미터법) : km / m / cm / mm / ㎛**

길이의 기본 단위인 m(미터) 앞에 k가 붙으면 km(킬로미터)가 되며 m의 1000배 단위, m이 하나 더 붙으면 mm(밀리미터)가 되며 m의 $\frac{1}{1000}$ 단위가 된다. 또한 c가 붙으면 cm(센티미터)가 되며 m의 $\frac{1}{100}$ 단위가 된다. 또한 ㎛(마이크로미터)는 mm의 $\frac{1}{1000}$, m의 $\frac{1}{1000000}$ 단위이다. 따라서, 1m = 100 cm = 1000 mm, 1 km = 1000 m (1m = $\frac{1}{1000}$ km), 1 cm = 10 mm, 1 km = 1000000 mm 등의 관계 성립.

▷ **기타 길이 도량형 : 마일/야드/피트/인치**

1 feet=12 inch, 1 yard=3 feet, 1 mile=1760 yard

▷ **넓이의 단위 (미터법) : ㎢ / ㎡ / ㎠ / ㎟**

1㎡=10000㎠(=100cm×100cm)=1000000㎟(=1000 mm×1000 mm). 1 ㎢ =1000000㎡

▷ **기타 넓이 도량형:** $1a$ (아르)=100㎡, $1ha$ (헥타르)=$100a$

▷ **부피의 단위(미터법) : ㎦ / ㎥ / ㎤ / ㎣**

1㎥=1000000㎤ (=100cm×100cm×100cm)=1000000000㎣ (=1000mm×1000mm× 1000 mm). 1㎦ =1000000000 ㎥

▷ **기타 부피 도량형 : ℓ / ㎗ / ㎖ / cc**

1 ℓ = 10 ㎗ = 1000 ㎖. 1㎖ = 1cc = 1㎤

무게

▷ **무게(Weight)의 단위(미터법) :** t / kg / g / mg / μg

무게의 기본 단위인 g (그램) 앞에 k가 붙으면 kg(킬로그램)이 되며 g의 1000배 단위, m이 붙으면 mg(밀리그램)이 되며 g의 $\frac{1}{1000}$ 단위가 된다. 또한 t는 톤으로 읽으며 kg의 1000배 단위 (g의 1000000배 단위)가 된다. 1g = 1000000 μg(마이크로그램)이며 1μg = $\frac{1}{1000000}$ g.

▷ **기타 무게 도량형:** 파운드(Pound)/온스(Ounce)/드램(Dram)/그레인(Grain)

온 도

▷ **섭씨 온도 (Centigrade scale 단위 : ℃) :** 물이 어는 온도를 0℃로 잡고 끓는 온도를 100℃로 정하여 그 사이를 100등분한 것.

▷ **화씨 온도 (Fahrenheit scale 단위 : ℉) :** 물이 어는 온도 32℉, 끓는 온도는 212℉이며, 그 사이는 180등분.

▷ **섭씨 온도 → 화씨 온도:** 화씨온도 = (섭씨온도 × $\frac{9}{5}$) + 32

▷ **화씨 온도 → 섭씨 온도:** 섭씨온도 = (화씨온도 – 32) × $\frac{5}{9}$

1. 일주일은 모두 몇 분일까요? … (   )

2. 준형이는 서울에서 오후 11시45분 출발 비행기를 타서 한국 시간으로 그 다음 날 오후 1시35분에 미국에 도착했다고 합니다. 준형이는 비행기를 총 몇 시간 몇 분 탔을까요?
… (   )

3. 소리는 1초에 340m를 간다고 합니다. 그럼 소리는 시속(한 시간에) 100km를 가는 자동차보다 몇 배 빠른 셈일까요? … (   )

4. 다음 단위의 길이를 주어진 다른 단위로 표시하시오.
(1) 10570 mm = (   ) cm = (   ) m
(2) 1 km = (   ) ㎛

5. 다음 중 도량형 계산을 잘 못 한 것은? … (   )
① 12.5 cm = 1250 mm   ② 15000 ㎠ = 1.5 ㎡
③ 1.5 t = 1500000 g   ④ 8.2 ㎤ = 8200 ㎣

6. 섭씨로 50도는 화씨로는 몇 도가 될까요?
단, 화씨온도 = (섭씨온도 × $\dfrac{9}{5}$) + 32 라고 합니다. … (   )

7. 1피트는 12인치이고, 1야드가 3피트라면, 200 인치는 몇 야드, 몇 피트, 몇 인치가 될까요? … (   )

8. 1 ℓ = 10 ㎗ = 1000 ㎖. 1㎖ = 1cc = 1㎤ 일 때, 다음 계산을 하시오.
   (1) 2.5 ㎥ = (   ) ℓ
   (2) 135200 ㎣ = (   ) ㎗

9. 동물원의 한 코끼리의 무게는 3.85 톤이라고 합니다. 그런데, 준형이의 몸무게가 25 kg이라고 하면 코끼리 무게는 준형이 몸무게의 몇 배일까요? … (   )

메 모 장

그래프

▷ **그래프(Graph)란?** 통계 자료를 분석하여 그 변화를 한 눈에 쉽게 알아볼 수 있도록 나타낸 도표

▷ **평면 좌표(Coordinate)란?** 평면 위에서 그래프를 나타낼 때 기준이 되는 서로 직각을 이루는 두 직선(가로축과 세로축). 보통 가로축은 각 항목들을 분류하여 나타내고, 세로 축은 그 항목별 수치를 비교하여 나타내는 데에 사용.

▷ **막대 그래프(Bar graph):** 좌표상에서 막대 그림을 통하여 그 길이로 각 항목의 수치를 나타내어 서로의 수치를 쉽게 비교할 수 있게 한 그래프

▷ **선 그래프(Line graph):** 좌표상에 각 항목들의 수치를 점으로 나타낸 후, 각 점들을 선분으로 서로 연결하여 기간별 변화의 추이를 쉽게 파악할 수 있는 그래프. 꺾은선 그래프라고도 한다.

▷ **원 그래프(Circle graph 또는 Pie chart):** 원 그림에서 원의 중심에서 그은 반지름 선들을 구분으로 각 항목의 크기를 백분율로 나타내는 데 용이한 그래프

▷ **그림 그래프(Pictograph):** 각 항목의 일정 수량 단위를 그 항목을 상징하는 그림들을 각자 그 단위의 개수만큼 그려 넣어 그 수량과 더불어 각 항목이 무엇인지를 쉽게 떠올릴 수 있게 해주는 그래프

대표값(중앙값/최빈수/평균)

▷ **대표값(Representative value)이란?** 어떤 집단의 통계상 전체의 수치를 다 나열하지 않아도 전체 수준을 쉽게 파악하는 데에 도움이 되는 대표적인 수치.

▷ **중앙값(Median):** 수치들을 큰 순서대로 모두 나열한 다음, 정확히 한 가운데 있는 수를 그 집단의 대표값으로 선정. 예를 들어 한 학생의 노래 점수를 5명이 매기는 데, 그 점수들이 82, 78, 15, 75, 100로 나왔다면, 그 순서는 100, 82, 78, 75, 15 이므로 한 가운데 수치인 78점이 그 중앙값이 된다.

▷ **최빈수(Mode):** 어느 항목의 수치들 중 가장 여러 번 나타나는 숫자를 말하며, 그 항목의 대표 수치로 핀딘. 예를 들이 공기총 10빌 사격을 하는 네, 그 짐수가 1, 4, 0, 4, 5, 3, 4, 4, 4, 3 로 나왔다면 최빈수는 4점 (5번 나타남)이 된다.

▷ **평균(Mean 또는 Average):** 각 항목별 수치들을 모두 합하여 전체 항목 수로 나눈 값을 말하며, 대표값으로서 가장 많이 사용된다. 예를 들면, 어느 그룹 다섯 명 학생들의 수학 점수가 70, 85, 80, 100, 90 으로 나왔다면, 점수를 모두 합한 총점은 0 + 85 + 80 + 100 + 90=425점이며, 총 인원수 5명을 나누면 425÷5 = 85가 되므로 평균은 85점이다.

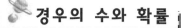

▷ **경우의 수(Number of cases)란?** 어떤 일을 행했을 때 일어날 수 있는 사건의 모든 가능한 개수. 예를 들면, 주사위를 던졌을 때의 경우의 수는 그 값이 1, 2, 3, 4, 5, 6이 다 나올 수 있으므로 결국 6이 된다.

▷ **확률(Probability)이란?** 모든 가능한 경우에 대해 해당 일이 벌어질 가능성의 정도를 비율로 나타낸 것을 확률이라고 한다. 확률을 구하는 공식은 $확률 = \dfrac{해당경우의수}{모든경우의수}$

확률은 보통 1보다 작은 분수로 나타내며, 그 값에 100을 곱하여 %로 나타내기도 한다.

▷ **주사위 확률의 계산:** 주사위를 던져 2가 나올 확률은 $\dfrac{1}{6}$ 이 되며 만일 6번 정도 던지면 2가 1번 정도 나올 것으로 추정한다. 또한 만일 12번을 던진다면 2번 정도가 나올 것으로 예상 가능.

주사위를 던져 짝수가 나올 확률은 짝수가 2, 4, 6 세 가지 경우이므로 $\dfrac{3}{6} = \dfrac{1}{2}$ 혹은 50%가 된다. 만일, 10번을 던진다면 확률적으로 짝수는 5번 나올 것으로 예상 가능.

1. 다음 중 한 학생의 5년간 매년 체중의 변화를 나타내는 데에 가장 적합한 그래프는?
... (   )

① 막대 그래프   ② 원 그래프

③ 꺾은선 그래프   ④ 그림 그래프

2. 어느 학생의 과목별 성적이 다음과 같이 나왔다고 합니다. 이 학생의 점수 통계에 관해 다음 질문들을 답하시오. (소수 첫째 자리까지 반올림 근사치로 답변할 것)

국어: 85점,	수학: 90점,	영어: 85점,	사회: 80점,
과학: 85점,	음악: 70점,	미술: 80점,	체육: 60점.

(1) 중앙값은? ... (   )   (2) 최빈값은? ... (   )

(3) 평균값은? ... (   )   (4) 적합한 그래프는? ... (   )

3. 다음 그림은 철호네 반 아이들의 수학 성적의 분포를 그래프로 나타낸 것입니다. 다음 질문들을 답하시오.

(1) 이 그림은 무슨 그래프일까요? ... (   )

(2) 학생 수가 가장 많은 것은 몇 점 대(몇 점 이상 그 다음 점 미만) 일까요? ... (   )

(3) 80점 이상은 전체의 몇 %일까요? ... (   )

(4) 철호는 반에서 18등이라고 합니다. 그럼 몇 점 대일까요? ... (   )

4. 주사위 두 개를 던져 서로 같은 것이 나올 확률은? ... (   )

5. 3, 0, 7, 6가 표시된 네 장의 카드가 있습니다. 3장의 카드를 나란히 하여 만들 수 있는 세 자리 수는 모두 몇 개입니까? ... (   )

메모장

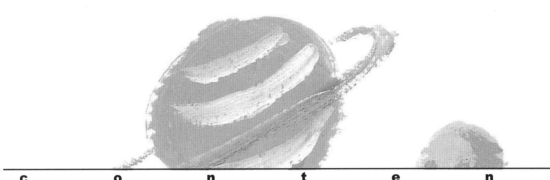

c o n t e n t s

중등 수학

2-1 집합

집합(set)이란?

▷ **집합의 뜻**: 특정 대상의 모임. 단, 어떤 대상이든 그 모임에 속하는지 속하지 않는지를 객관적으로 명확히 구분할 수 있어야 함.

예를 들어, 어느 반의 남학생의 모임은 집합이 되지만, 어느 반의 키가 큰 학생의 모임은 그 구분이 모호하므로 집합이 될 수 없다.

▷ **집합과 원소**: 어떤 집합에 속하는 것들을 그 집합의 원소(element)라고 하며, a 가 A집합에 속하는 경우, a 는 A 집합의 원소이며, '$a \in A$' 로 표시한다.

예를 들어, A 집합은 모든 짝수의 모임이라고 할 때, 2는 A의 원소이며 2∈A로 표현할 수 있다. (반면, 3은 홀수이므로 A의 원소가 아니다. 이 경우 3 ∉ A 로 표현.)

▷ **집합을 나타내는 방법**

1) 원소 나열법: 그 집합의 원소들을 { } 기호 안에 나열하여 표시하는 방식.

예를 들어, A={1, 2, 3}, B={2, 4, 6, 8, 10, 12, … }

2) 조건 제시법: 집합에 속하는 조건을 {x | x 는 … } 방식으로 표시하는 방식.

예를 들어, 위의 A, B 두 집합을 조건 제시법으로 표시하면, A={x | x 는 3 이하의 자연수}, B={x | x 는 짝수}

3) 벤(Venn) 다이아그램: 도형을 이용한 그림으로 알기 쉽게 표현

집합들의 포함 관계

▷ **부분 집합 (subset)**: 두 집합 A, B 사이에 포함 관계가 있어서, A 집합의 모든 원소가 B 집합에도 속할 때, A는 B의 부분 집합이라고 하며, 'A ⊂ B' 또는 'A ⊃ B'로 표시한다. A ⊂ B 이고 B ⊂ A이면 A = B 라는 점에 유의. 또한 A ⊂ B 이나 A ≠ B 이면, A는 B의 진부분 집합(proper subset)이라 한다. 예를 들어 A가 모든 자연수의 집합이고, B가 모든 정수의 집합이리면 A는 D의 부분 집합이며 A ⊂ D (사실, 진부분 집합)

▷ **공집합(empty set)**: 원소가 하나도 없는 집합을 공집합이라고 정의하며, { } 또는 ϕ (파이)로 표시한다. 숫자로 보면 0에 해당하는 개념이다. 공집합은 모든 집합의 부분 집합이 됨에 유의.

▷ **부분집합의 개수 구하기**: A={1, 2, 3}의 부분 집합에는 어떤 것들이 있을까? { }, {1}, {2}, {3}, {1, 2}, {2, 3}, {1, 3}, {1, 2, 3} 등 총 8개이다. 일반적으로 A 집합의 원소의 개수가 n 라

면, A 집합의 부분 집합의 개수는 2^n이다.

왜 그럴까? (첫 번째 원소의 존재 유/무 2가지)×(두 번째 원소의 존재 유/무 2가지) × …

하면 $2 \times 2 \times 2 \times …(n$ 번)가 결국 부분 집합의 모든 경우의 수이기 때문.

집합의 연산

▷ **합집합(union):** 두 집합 A, B의 합집합이란 A 집합의 모든 원소와 B 집합의 모든 원소들을 함께 모은 집합을 일컫는 말로 A∪B로 표시한다. 즉, A∪B={$x \mid x \in$A or $x \in$B}.

예를 들어, A={1, 2, 3, 4, 5}, B={2, 4, 6, 8}이면 A∪B= {1, 2, 3, 4, 5, 6, 8}.

▷ **교집합(intersection):** 두 집합 A, B의 공통된 원소들의 모임을 A, B의 교집합이라고 하며, A∩B로 표시. 즉, A∩B={$x \mid x \in$A and $x \in$B}. 예를 들어, 바로 위 A,B 두 집합의 교집합 A∩B = {2, 4}.

▷ **차집합(difference):** 집합 A의 원소들 중 집합 B의 원소가 아닌 것들의 모임을 A에 대한 B의 차집합이라고 하며 A−B로 표시한다. 즉, A−B ={$x \mid x \in$A and $x \notin$B}. 위의 예의 A,B 두 집합에서는 A−B={1, 3, 5}.

▷ **여집합(complement):** 어떤 전체 집합을 U 라고 하고, 집합 A가 U의 부분 집합인 경우, U에 대한 A의 차집합, 즉 전체 집합 U에서 A 집합 원소들을 제외한 나머지 원소들의 모임을 A의 여집합이라고 하며 A^c로 표시한다. 즉, A^c= U−A.

▷ **집합의 주요 연산 법칙 (벤 다이어그램으로 설명 가능)**

1) 교환 법칙: A∪B = B∪A, A∩B = B∩A

2) 결합 법칙: (A∪B)∪C = A∪(B∪C), (A∩B)∩C = A∩(B∩C)

3) 배분 법칙: (A∪B)∩C = (A∩C)∪(B∩C), (A∩B)∪C = (A∪C)∩(B∪C)

▷ **집합의 개수 계산:** 집합 A의 원소의 개수를 통상 n(A)로 표시한다.

이 때, n(A∪B) = n(A)+n(B)−n(A∩B)이며, n(A∪B∪C)=n(A)+n(B)+n(C)−n(A∩B)−n(B∩C)−n(C∩A)+n(A∩B∩C)가 됨에 유의. (후자의 이유는 n{(A∪B)∪C}=n(A∪B)+n(C)−n{(A∪B)∩C}=n(A)+n(B)−n(A∩B)+n(C)−n{(A∩C)∪(B∩C)}이고, 여기서 n{(A∩C)∪(B∩C)}=n(A∩C)+n(B∩C)−n(A∩B∩C)이므로 계산을 정리하면 위의 결과를 얻게 됨)

1. 다음 중 집합이 될 수 없는 것은? … (   )

① 대한민국 여군의 집합   ② 5로 나누어지는 짝수의 집합

③ 6으로 나누어지는 홀수의 집합 ④ 건강에 좋은 음식의 집합

2. 다음 집합들 중 원소 나열법은 조건 제시법으로, 조건 제시법은 원소 나열법으로 나타내시오.

(1) {5, 10, 15, 20, 25}

(2) $\{x \mid x$ 는 홀수이고, $x < 10\}$

3. A는 자연수의 집합, B는 정수의 집합, C는 유리수의 집합, D는 가분수의 집합이라고 할 때, 다음 중 올바른 것은? … (   )

① $\phi \in A$ ② $A \subset C \cap \{\,\}$

③ $A \subset A \cap D$ ④ $0 \notin C - A$

4. 집합 {0,1,2,3}의 부분 집합을 모두 쓰시오

5.   A={$x \mid x$ 는 10보다 작은 솟수}, B={$x \mid x$ 는 5보다 크고 15보다 작은 짝수}, C={1,3,5,7,9}일 때 다음 집합의 연산 결과를 원소 나열법으로 나타내시오

(1) $A \cup B$ (2) $B \cap C$

(3) $(B \cup C) \cap A$ (4) $C - A$

6. 위의 5번 문항에서 $n(A \cup B \cup C)$의 값은?

7. 다음 중 전체 집합을 U, 그 부분 집합들인 A,B,C의 관계 설명 중 잘못된 것은?
… (   )

① $(A \cap B) \cup C = (A \cup C) \cap (B \cup C)$ ② $(A-B) \cap C = (A \cap C) - (B \cap C)$

③ $A \subset D$이면 $A^c \subset B^c$ ④ $x \notin A \cup B$이면 $x \notin A$이고 $x \notin B$

8. 집합 간에 다음이 성립함을 벤 다이아그램을 이용하여 설명하시오.
(De Morgan의 법칙)

(1) $(A \cup B)^c = A^c \cap B^c$ (2) $(A \cap B)^c = A^c \cup B^c$

52

메 모 장

🪐 문자식(letter expression)의 개념

▷ **문자식이란?** 구체적인 숫자들로만 이루어진 계산식이 아니라 어떤 수를 대신한 x, y 등과 같은 문자(변수)가 들어간 식을 말한다. 예를 들어, $x+3$, $x+y+1$, $3\times x+2$, $y\div 5$, x^3 등은 문자식이다.

▷ **곱셈과 나눗셈의 부호 생략:** 문자식에서는 곱하기, 나누기 부호는 편의상 생략하여 표시한다. 예를 들면, $3\times x+2$는 $3x+2$로 표시하고, $y\div 5$는 $\frac{y}{5}$ 또는 $\frac{1}{5}y$로 표시한다. (계산상으로도 곱하기와 나누기는 더하기, 빼기보다 순서와 관계 없이 먼저 처리하므로 보다 밀착된 관계)

▷ **단항식(monomial)과 다항식(polynomial):** 문자식에서 서로 곱하거나 나눈 것들은 하나의 항(term)으로 본다. 그리하여 항이 하나인 식을 단항식, 항이 둘 이상인 것을 다항식이라도 부른다.

예를 들어, $2x^3$, $5xy$ 같은 식들은 단항식이며 $2x^3+1$, $x-2y$ 같은 식들은 다항식이다.

▷ **문자항과 상수항(constant term):** 문자식의 각 항 중 변수가 하나라도 들어간 항은 문자항, 숫자만 들어간 항을 상수항이라고 한다.

예를 들어, $2x^3+3xy-7$에서 문자항은 $2x^3$, $3xy$ 두 개이며, 상수항은 -7뿐이다.

▷**차수(degree)와 계수(coefficient):** 어떤 문자항에서 곱해진 변수의 개수를 그 항의 차수라고 하며, 그 항의 변수 이외의 부분을 계수라고 말한다. 이를테면, $2x^3y$의 차수는 4가 ($x^3y=x\times x\times x\times y$) 되며, 계수는 2가 된다. 문자식의 항들 중 가장 큰 차수의 값이 n이면 이 문자식은 n차식이라고 부른다. 예를 들어, $2x^3+3xy-5$는 3차식이다.

🪐 문자식끼리의 사칙 연산

▷ **문자식의 더하기/빼기:** $x+x+x=3x$ 처럼 같은 변수가 더해지는 경우는 더하는 개수를 그 변수에 곱하면 된다 (곱셈의 정의). $xy+xy+xy+xy=4xy$, $x^3+x^3=2x^3$도 마찬가지이다. 한편, $3x+2x=(x+x+x)+(x+x)=5x$로 계산할 수 있는데, 이 경우 $3x+2x=(3+2)x=5x$로 계산하는 것이 더욱 편리 (연산의 배분 법칙을 적용). 마이너스의 경우도 같은 방식으로 $5x-3x=(5-3)x=2x$ 처럼 계산하면 편리. 따라서 $ax+bx=(a+b)x$, $ax-bx=(a-b)x$ 가 되는 원리를 잘 활용 할 것.

▷ **문자식의 곱하기/나누기:** $x\times x\times x=x^3$ 처럼 같은 변수의 반복된 곱은 그 곱하는 문자의 개수 만큼의 거듭제곱으로 표시하면 된다. 한편 $x^3\times x^2=(x\times x\times x)\times(x\times x)=$

x^5로 계산할 수 있는데, 일반적으로 m, n이 자연수일 때, $\boxed{x^m \times x^n = x^{m+n}}$ 이 되는 원리를 활용하면 편리. 또한 $(x^2)^3$의 경우, x^2을 3번 곱하는 것이므로 $x^{2+2+2} = x^{2 \times 3} = x^6$이된다. 따라서 일반적으로 $\boxed{(x^m)^n = x^{mn}}$ 됨에 유의할 것.

나누기의 경우도 같은 방식으로 $x^5 \div x^2 = (x \times x \times x \times x \times x) \div (x \times x) = x^3$이 되므로, $\boxed{x^m \div x^n = x^{m-n}}$의 원리를 활용하면 쉽게 계산이 된다. 또한 $(xy)^n = (xy)(xy)...$이므로 $\boxed{(xy)^n = x^n y^n}$ 및 $\boxed{(x \div y)^n = x^n \div y^n}$

🪐 문자식의 정리 방법

1) 항에 포함된 문자들끼리나 항의 순서는 알파벳 순서대로
   예) yx 보다는 xy로, $y + 2x$ 보다는 $2x + y$로 표시
2) 계수는 숫자 계산을 마친 후 문자보다 앞에 표시
   예) $y(15x)$ 또는 $(3x)(5y)$ 등은 $15xy$로 표시
3) 상수항은 가장 뒤에
   예) $12 - 5x + y$ 보다는 $-5x + y + 12$로 표시
4) 같은 문자가 들어가는 항들끼리는 차수가 높은 순서로
   예) $3x^2 y - 2x^3 - 7$ 보다는 $-2x^3 + 3x^2 y - 7$로 표시
5) 문자가 같고 차수도 같은 항(동류항)끼리는 함께 묶어 정리
   예) $2x^3 + 3x^2 - 5x^2 - 7$에서는 $3x^2 - 5x^2 = (3-5)x^2 = -2x^2$가 되므로
   $2x^3 - 2x^2 - 7$로 정리가 될 수 있다.

🪐 문자식 계산에 유의할 원리들

▷ **교환/결합/분배 법칙**: 수 연산의 교환/결합/분배 법칙은 문자식에서도 그대로 적용되므로, $x + y = y + x$, $(x + y) + z = x + (y + z)$, $x(y + z) = xy + xz$, $(x - y)z = xz - yz$ 등도 당연히 성립. (분배법칙은 배분법칙이라고도 한다.)

▷ **마이너스 부호 처리**: 음수×음수=양수가 되는 것 등 계산상 마이너스 부호의 처리는 실수하기가 매우 쉬우므로 늘 유의해야 한다. 예를 들면, $-(-x) = x$, $-(x + y) = -x - y$, $-(x - y) = -x + y$, $x - y = -(y - x)$, $-2x \times (-3y) = 6xy$, $-4x^2 \div (-2x) = 2x$

▷ **많이 쓰이는 전개 공식들**:
$(x + y)^2 = (x + y)(x + y) = (x + y)x + (x + y)y = \boxed{x^2 + 2xy + y^2}$
$(x - y)^2 = (x - y)(x - y) = (x - y)x - (x - y)y = \boxed{x^2 - 2xy + y^2}$
$(x + y)(x - y) = (x + y)(x - y) = (x + y)x - (x + y)y = \boxed{x^2 - y^2}$

1. 다음 중 단항식이 아닌 것은? ··· (　　　　)

① $x+1$　　　　　　　② $8xy \div 5$

③ $2x^2y$　　　　　　　④ $3y2x$

2. 문자식 $2x^2+3xy^2-7$ 에서 다음 질문에 답하시오

(1) 항은 몇 개인가?

(2) 몇 차 식인가?

(3) 상수항의 값은?

(4) 각 문자항 계수의 총 합은?

3. 다음 식을 간단히 정리 하시오

(1) $5x^2+7x^2-x^2 =$

(2) $(6yx-2xy) \div 4x =$

(3) $2x+8-7x^3+x^2-3x+1 =$

(4) $(a-2b)-(2b-a) =$

4. 다음 계산들을 하시오

(1) $x^2y \times 5xy^2 =$

(2) $8xy-5xy+xy =$

(3) $3x^2 \div 2x \times (4x^3)^2 =$

(4) $(2xy^3)^3 \div (xy^2)^3 =$

5. 다음 식의 전개를 하시오

(1) $(x-2y)^2 =$

(2) $2(x+3)(x-3) =$

(3) $(x+1)^3 =$

(4) $(x+y+1)(x-y-1) -$

6. 두 수의 합은 7, 두 수의 곱은 5일 때 다음 값을 구하시오

(1) 두 수의 제곱들의 합

(2) 두 수의 차이의 제곱

메 모 장

2-3 1차 방정식

등식과 방정식

▷ **등식(equality):** 좌우가 같다는 의미의 등호 '='를 써서 좌변과 우변의 수나 문자식이 같음을 나타낸 것. 예를 들어, $1+1=2$, $2x+1=3$.

▷ **항등식(identity):** 등식 안의 미지수(unknown) 값에 상관 없이 항상 성립하는 식.
이를테면, $2x \times 3 = 6x$, $2(x+1) = 2x+2$ (어떤 x 값에도 성립)

▷ **방정식(equation):** 식 안의 미지수 값에 따라 성립하는 경우도 있고 그렇지 않은 경우도 있는 등식(성립하는 미지수 값이 무수히 많아도, 또는 성립하는 미지수 값이 존재하지 않아도 방정식). 이를테면, $x+1=2$ 라는 등식은 방정식. 왜냐하면 $x=1$인 경우만 성립. 마찬가지로 $x+y=1$, $x^2 = -1$도 방정식.

▷ **방정식의 근/해(solution):** 방정식에서 그 등식을 성립하게 하는 문자(미지수)의 값을 찾아내는 것을 "방정식을 푼다"라고 말하며, 구해진 미지수의 값을 표시한 것을 그 방정식의 '해'라고 하며, 각 문자의 값들을 그 문자의 '근' 이라고 한다.
예를 들어, $x^2 = 4$ 라는 방정식을 풀면, 그 해는 $x=2$ 또는 $x=-2$가 되며, 그 방정식의 x의 근은 2와 −2이다.

등식의 성질과 이항(transposition)

▷ **등식의 성질:** 등식의 양변에 같은 수를 더하거나, 빼거나, 곱하거나, 0이 아닌 수로 나누어도 그 등식은 여전히 성립한다. 예를 들어, 등식 $2x+3=5$이 성립할 경우, 그 양변에 1을 더하면, $2x+3+1=5+1$이 되어 $2x+4=6$도 성립한다. 또한 양변에 2를 빼면, $2x+3-2 = 5-2$가 되어 $2x+1=3$도 성립한다.

▷ **이항:** 어떤 수를 다른 항으로 옮기는 것을 이항이라 한다. 그 방법은?
1) 어떤 수에 '+'한 수를 이항할 때는 '−'로 (양변에 같은 수로 빼서)
  예) $2x+5=7$ 에서 5를 이항하면, $2x+5-5=7-5$이 되어 $2x=7-5$
2) 어떤 수에 '−'한 수를 이항할 때는 '+'로 (양변에 같은 수로 더해서)
  예) $5x-3=2$ 에서 3을 이항하면, $5x-3+3=2+3$이 되어 $5x=2+3$
3) 어떤 수에 '×'한 0외 수를 이항할 때는 '÷'로 (같은 수로 나누어서)
  예) $2(x+1)=4$에서 2를 이항하면, $2(x+1) \div 2 = 4 \div 2$가 되어 $x+1=4 \div 2$
4) 어떤 수에 '÷'한 수를 이항할 때는 '×'로 (같은 수로 곱해서)
  예) $\dfrac{x+3}{5} = 2$에서 5를 이항하면, $\dfrac{x+3}{5} \times 5 = 2 \times 5$가 되어 $x+3 = 2 \times 5$

1차 방정식(linear equation)

▷ **1원1차 방정식이란?** 미지수가 하나이고, 차수가 1인 방정식

▷ **1원1차 방정식을 푸는 순서:** (예) $5(x+1)-3=2x+8$

1) 괄호가 있으면 분배법칙을 써서 일단 괄호부터 없앤다.

(예의 경우) $5(x+1)-3=2x+8$ → $5x+5-3=2x+8$

2) +, − 이항을 통하여 좌변에는 미지수 항끼리 우변에는 숫자 항(상수 항)끼리 모은다.

(예의 경우) $5x+5-3=2x+8$ → $5x-2x=8+3-5$

3) 좌변은 하나의 미지수 항만 나타나도록 정리하고 우변은 모은 숫자의 계산을 한다.

(예의 경우) $5x-2x=3x$, $8+3-5=6$ → $3x=6$

4) 좌변의 미지수에 곱해진 계수를 우변으로 이항을 한다.

(예의 경우) $3x=6$ → $x=6\div3=2$

5) 결국 좌변에 그 미지수 하나만 남게 될 때, 등식의 우변 숫자가 근이 된다.

(예의 경우) $x=2$ (이것이 바로 해가 된다)

연립 방정식(simultaneous equations)

▷ **연립 방정식이란?** 미지수가 2개 이상이면서 식도 2개 이상인 방정식

▷ **2원1차 연립 방정식이란?** 미지수가 2개, 차수는 1인 연립방정식

▷ **2원1차 연립 방정식을 푸는 법:** (예) $2x-y=3$, $3x+2y=8$

1) 한 식에서 한 미지수에 대해 1원1차 방정식처럼 푼다.

이 때 다른 미지수는 그냥 일반 숫자처럼 취급하여 계산.

(예의 경우) 첫 식에서 $2x-y=3$를 y에 대해 풀면, $y=2x-3$이 된다.

2) 구한 미지수의 값을 다른 식에 대입하여, 또 다른 미지수만 나오는 1원 1차 방정식을 만든다. (예의 경우) $3x+2y=8$에 $y=2x-3$을 대입하면, $3x+2(2x-3)=8$.

3) 그 1원1차 방정식을 풀어서, 미지수의 값 하나를 구한다.

(예의 경우) $3x+2(2x-3)=8$을 풀면 $x=2$가 나온다.

4) 그 미지수 값을 처음 주어진 식 하나에 대입하면, 다시 다른 미지수만 들어있는 1원1차 방정식이 된다. (예의 경우) 첫 식 $2x-y=3$에 $x=2$를 대입하면, $4-y=3$.

5) 그 방정식을 풀어, 나머지 미지수의 값도 구한다.

(예의 경우) $4-y=3$을 풀면, $y=1$이 나온다. 따라서 위의 연립방정식의 해는 $x=2$, $y=1$이 된다.

▷ **3원1차 연립 방정식을 푸는 법:** 미지수 3개, 식도 3개인 연립방정식

1) 위처럼, 한 식에서 한 미지수에 대해 1원1차 방정식처럼 푼다.

2) 그 미지수 값을 다른 두 식에 대입하면, 2원1차 연립방정식이 된다.

확인 문제

1. 다음 중 항등식은 아닌 방정식을 모두 고르면? … (   )

① $-2(7-3)=-8$

② $2x\,y\div5=2$

③ $x^2+4=0$

④ $y^2-y=y(y-1)$

2. 다음 중 이항을 잘못한 것은? … (   )

① $2(x-1)=4$ ➔ $x-1=4\div2$

② $4x-1=8$ ➔ $x-1=8\div4$

③ $x-5=6x$ ➔ $-5=6x-x$

④ $\dfrac{2x-3}{4}=2$ ➔ $2x-3=2\times4$

3. 다음 1원 1차 방정식의 해를 구하시오

(1) $2x+5=11$

(2) $12-5x=-3$

(3) $3x-7=x+3$

(4) $4(3-x)=2(x-3)$

(5) $\dfrac{5-3y}{2}=y+5$

4. 다음 다원 1차 방정식의 해를 구하시오

(1) $x+2y=5,\ x-y=-1$

(2) $3x-2y=5,\ x+2y=15$

(3) $2x-5y=6,\ 4x-3y=5$

(4) $3x-2y=12,\ 3y-2x=2$

(5) $x+y+z=12,\ x+y-z=2,\ x-y+z=4$

5. 형과 나의 나이 차이는 7살입니다. 그런데 5년 전에는 형의 나이는 내 나이의 2배였습니다. 그럼 지금 내 나이는 몇 살일까요?

6. 둘레의 길이가 4km인 호수가 있다. 형은 자전거로 시속 15km로 시계 방향으로 출발하고 동생은 동시에 시속 5km로 반시계 방향으로 출발했다면 둘이 만나는 것은 몇 분 후 일까요?

7. 0.33333… 즉, $x=0.\dot{3}$을 분수로 바꾸어 보면, $10x=3.\dot{3}$이 되므로 $10x-x=3$이 되어, $9x=3$ 따라서 $x=\dfrac{1}{3}$이 됩니다. 유사한 방법으로, 3.5121212… 즉 $3.5\dot{1}\dot{2}$를 분수로 바꾸시오.

8. 시계에서 3시와 4시 사이에 시침과 분침이 겹치는 시각은 3시 몇 분, 몇 초일까요? (초의 소수점 이하는 반올림하시오)

9. 어느 과일의 수분 함유율이 95%라고 합니다. 이 과일을 말려서 수분 함유율이 90%가 되었다면 나중 무게는 처음 무게의 몇%가 되었을까요?

메 모 장

2-4 2차 방정식

제곱근 (square root)

▷ **제곱근이란?** 어떤 수를 제곱을 하여 x가 되면, 그 수를 x의 제곱근이라고 하며, 그 중 양의 수를 $\sqrt{x}$로 표시한다. 반면, 음의 수는 $-\sqrt{x}$로 쓰면 된다. 즉, $(\sqrt{x})^2 = (-\sqrt{x})^2 = x$ 가 된다. 예를 들어, 4의 제곱근은 2와 -2 두 개인데, $\sqrt{4}=2$, $-\sqrt{4}=-2$를 뜻하는 것이다.

▷ **무리수(irrational number)와 실수(real number):** $\sqrt{2}=1.414213...$, $\sqrt{3}=1.732050...$, $\sqrt{5}=2.236067...$ 등과 같이 2, 3, 5, ... 등의 제곱근들의 값은 숫자의 규칙적 반복이 없는 무한 소수이며 분수로 나타낼 수 없는 수를 곧 무리수라고 하며, 유리수와 무리수를 합쳐서 실수라고 부른다.

▷ **제곱근의 계산:** $a>0$, $b>0$, $c>0$인 경우,

1) $\sqrt{a^2}=a$, 만일 $a<0$이면, $\sqrt{a^2}=-a$ 가 됨에 유의

2) 제곱근의 더하기/빼기: $\boxed{a\sqrt{c} \pm b\sqrt{c} = (a \pm b)\sqrt{c}}$.

예를 들면, $5\sqrt{3}+2\sqrt{3}=(5+2)\sqrt{3}=7\sqrt{3}$, 또한 $5\sqrt{3}-2\sqrt{3}=(5-2)\sqrt{3}=3\sqrt{3}$

3) $\boxed{\sqrt{ab}=\sqrt{a}\times\sqrt{b}}$. (왜냐하면, $(\sqrt{a}\times\sqrt{b})^2=(\sqrt{a})^2(\sqrt{b})^2=ab$)

예를 들면, $\sqrt{3}\times\sqrt{12}=\sqrt{3\times12}=\sqrt{36}=6$

또한 $\boxed{\sqrt{\dfrac{b}{a}}=\dfrac{\sqrt{b}}{\sqrt{a}}}$ (왜냐하면, $(\dfrac{\sqrt{b}}{\sqrt{a}})^2=\dfrac{(\sqrt{b})^2}{(\sqrt{a})^2}=\dfrac{b}{a}$)

4) $\sqrt{a^2b}=\sqrt{a^2}\times\sqrt{b}=a\sqrt{b}$. 따라서 $\sqrt{12}=\sqrt{2^2\times3}=2\sqrt{3}$.

5) 분모의 유리화 방법: $\dfrac{\sqrt{b}}{\sqrt{a}}=\dfrac{\sqrt{b}\times\sqrt{a}}{\sqrt{a}\times\sqrt{a}}=\dfrac{\sqrt{ab}}{a}$. 예를 들면, $\dfrac{\sqrt{5}}{\sqrt{2}}=\dfrac{\sqrt{10}}{2}$.

또한, $\dfrac{1}{\sqrt{a}\pm\sqrt{b}}=\dfrac{\sqrt{a}\mp\sqrt{b}}{(\sqrt{a}+\sqrt{b})(\sqrt{a}-\sqrt{b})}=\dfrac{\sqrt{a}\mp\sqrt{b}}{(\sqrt{a})^2-(\sqrt{b})^2}=\dfrac{\sqrt{a}\mp\sqrt{b}}{a-b}$ (복호 동순).

예를 들어, $\dfrac{1}{\sqrt{3}+\sqrt{2}}=\dfrac{\sqrt{3}-\sqrt{2}}{3-2}=\sqrt{3}-\sqrt{2}$.

인수분해 (factorization)

▷ **인수분해란?** 주어진 다항식을 여러 식들의 곱의 형태로 나타내는 것을 인수분해 한다고 한다. 예를 들면, $x^2 + 3xy$ 를 $x(x + 3y)$ 로 나타낸 것.

▷ **인수분해의 기법들:**

1) 공통적으로 곱해진 수나 문자를 빼내는 방법 (배분 법칙의 이용)

　예) $3x^2 - 6x = (3x)x - (3x) \times 2 = 3x(x - 2)$

2) 전개의 공식을 거꾸로 적용

　예) $x^2 + 4x + 4 = (x + 2)^2$, $4x^2 - 9 = (2x)^2 - 3^2 = (2x + 3)(2x - 3)$

3) 전개의 공식에서 거꾸로 계수에 끼워 맞추기 즉, $(x + a)(x + b) = x^2 + (a + b)x + ab$ 가 되며, $(ax + c)(bx + d) = abx^2 + (bc + ad)x + cd$ 가 됨에 유의하여 계산한다.

　예) $x^2 + 3x + 2 = (x + 1)(x + 2)$, $2x^2 - 3x - 2 = (2x + 1)(x - 2)$

 2차 방정식(quadratic equation)의 해법

▷ **인수분해로 푸는 방식:** 2차 방정식을 인수분해를 이용하여 두 1차 식끼리의 곱이 0이 되는 모양으로 만든 후, 각 식이 0이 되는 조건을 찾는다.

예를 들면, $3x^2 - 6x = 0$의 경우, $3x(x - 2) = 0$이 되므로 $x = 0$ 또는 $x = 2$가 해가 된다. $x^2 + 3x + 2 = 0$의 경우도 $(x + 1)(x + 2) = 0$과 같으므로, $x = -1$ 또는 $x = -2$가 해가 된다.

▷ **완전 제곱 모양 만들기:** $x^2 - 9 = 0$은 $x^2 = 9$이므로 $x = 3$ 또는 $x = -3$. $x^2 + 4x - 1 = 0$의 경우, $x^2 + 4x = (x + 2)^2 - 4$와 같으므로, $x^2 + 4x - 1 = \{(x + 2)^2 - 4\} - 1 = (x + 2)^2 - 5 = 0$. 따라서 $(x + 2)^2 = 5$가 되므로, $x + 2$는 $\sqrt{5}$ 또는 $-\sqrt{5}$. 따라서 $x = -2 + \sqrt{5}$ 또는 $x = -2 - \sqrt{5}$이 해가 된다.

▷ **근의 공식:** $ax^2 + bx + c = 0 \ (a > 0)$라는 일반적인 2차 방정식 형태에서 근을 찾는 방법을 위의 완전 제곱 모양 만들기를 통해 알아보자.

$ax^2 + bx + c = a(x^2 + \frac{b}{a}x) + c = a\{(x + \frac{b}{2a})^2 - \frac{b^2}{4a^2}\} + c = 0$ 따라서 $(x + \frac{b}{2a})^2 = -\frac{c}{a} +$ $\frac{b^2}{4a^2} = \frac{b^2 - 4ac}{4a^2}$ 가 되므로, $x + \frac{b}{2a} = \frac{\pm\sqrt{b^2 - 4ac}}{2a}$. 따라서, $\boxed{x = \frac{-b \pm \sqrt{b^2 - 4ac}}{2a}}$ 가 바로 두 근이 된다. (단, 판별식 D=0이면 한 개의 근(중근), D<0이면 실근이 없음에 유의)

예를 들어, $x^2 + 4x - 1 = 0$을 근의 공식을 통해 해를 구해보면, $-2 \pm \sqrt{5}$.

▷ **두 근의 합과 곱 :** 두 근을 p, q 라고 할 때, $ax^2 + bx + c = a(x - p)(x - q)$ 관계에서 $p + q = -\frac{b}{a}$, $pq = \frac{c}{a}$ 가 성립.

확인 문제

1. 다음 중 반드시 옳은 것이 아닌 것은? ··· (   )

① a^2의 제곱근은 a

② $\sqrt{a^4} = a^2$

③ $a > 0$이면, $\sqrt{a^3} = a\sqrt{a}$

④ $\sqrt{a^2} = \sqrt{(-a)^2} = |a|$

2. 다음 중 반드시 무리수가 되지는 않는 것은? ··· (   )

① $2 +$ 무리수

② $3 \times$ 무리수

③ $\sqrt{2} +$ 유리수

④ $\sqrt{3} \times$ 무리수

3. 다음 제곱근 계산을 최대한 간단히 하시오

(1) $8\sqrt{2} - 5\sqrt{2} =$

(2) $3\sqrt{2} \times \sqrt{8} =$

(3) $\dfrac{4\sqrt{75}}{\sqrt{10}} =$

(4) $\dfrac{\sqrt{8} + \sqrt{12}}{\sqrt{2} - \sqrt{3}} =$

4. 다음 식들의 인수분해를 하시오

(1) $3x^2 - 6xy =$

(2) $x^2 - 12x + 36 =$

(3) $9x^2 - 4y^2 =$

(4) $3x^2 + 5xy - 2y^2 =$

(5) $x^3 - x^2 - 4x + 4 =$

5. 다음 2차 방정식을 푸시오.

(1) $3x^2 - 5x = 0$

(2) $4x^2 = 12x - 9$

(3) $16x^2 + 2x = 2x + 9$

(4) $x^2 - 6x - 20 = 0$

(5) $2x^2 - 4x - 11 = 0$

6. 2차 방정식 $2x^2 - ax + 2 = 0$의 근이 하나 뿐이라면 a의 값은?

7. 2차 방정식 $3x^2 - 2x - a = 0$이 근을 가지려면 a의 값의 범위는?

8. 2차 방정식 $x^2 - 5x + 1 = 0$의 한 근을 α라고 할 때 다음 값을 구하시오.

(1) $\alpha + \dfrac{1}{\alpha}$

(2) $\left(\alpha - \dfrac{1}{\alpha}\right)^2$

메 모 장

2-5 부등식

부등식(inequality)의 개념

▷ **부등식이란?** 부등식이란 부등호($>$, $<$, $\leq$, $\geq$)를 써서 양변의 수나 문자식의 크기를 비교하는 것을 말한다. 예를 들어, $2x - 1 > 1$은 좌변 $2x - 1$이 우변 1보다 크다는 것을 나타내는 부등식이다. 한편, $3x \leq 2x + 1$은 좌변 $3x$보다 우변 $2x + 1$이 같거나 크다는 것을 나타내는 부등식.

▷ **부등식의 해:** 어떤 부등식을 참이 되게 하는 미지수의 값의 범위를 그 부등식의 해라고 하며, 이를 구하는 것을 부등식을 푼다고 한다. 예를 들어, 부등식 $x + 1 > 2$를 풀면 그 해는 $x > 1$이다.

▷ **부등식의 성질:**

1) 양변에 같은 수를 더하거나 빼도 부등호는 변하지 않는다.

  예) $1 < 3 \rightarrow 1 + 2 < 3 + 2$ (즉, $3 < 5$), $2x + 1 \geq 3 \rightarrow 2x + 1 - 1 \geq 3 - 1$ (즉, $2x \geq 2$)

2) 양변에 양의 수를 곱하거나 나누어도 부등호는 변하지 않는다.

  예) $3 > 2 \rightarrow 3 \times 5 > 2 \times 5$ (즉, $15 > 10$), $4 \leq 2x \rightarrow 4 \div 2 \leq 2x \div 2$ (즉, $2 \leq x$)

3) 양변에 음의 수를 곱하거나 나누면, 부등호의 방향은 반대가 된다.

  예) $3 > 2 \rightarrow 3 \times (-5) < 2 \times (-5)$ (즉, $-15 < -10$), $-4 \leq -2x \rightarrow -4 \div (-2) \geq -2x \div (-2)$ (즉, $2 \geq x$)

1차 부등식(linear inequality)

▷ **1차 부등식이란?** 1차식으로만 이루어진 부등식. 이를테면 $2x - 1 < 3x + 1$

▷ **1차 부등식을 푸는 법:** 등호로 이루어진 1차 방정식을 푸는 것과 순서, 이항 방법 등이 거의 동일하나, 단, 곱하거나 나누어진 음의 수를 다른 변으로 이항할 때는 부등호가 바뀐다는 점만 유의하면 된다. 예를 들어, $2(x + 1) - 3 > 4x + 5$를 푸는 과정을 보면,

1) 괄호가 있으면 분배법칙을 써서 일단 괄호부터 없앤다.

 (예의 경우) $2(x + 1) - 3 > 4x + 5 \rightarrow 2x + 2 - 3 > 4x + 5$

2) +, − 이항을 통하여 좌변에는 미지수끼리 우변에는 숫자끼리 모은다.

 (예의 경우) $2x + 2 - 3 > 4x + 5 \rightarrow 2x - 4x > 5 + 3 - 2$

3) 좌변은 하나의 미지수 항만 나타나도록 정리하며, 우변은 숫자의 계산을 한다.

 (예의 경우) $2x - 4x = -2x$, $5 + 3 - 2 = 6$. 따라서 $-2x > 6$

4) 좌변의 미지수에 곱해진 계수를 우변으로 이항을 한다. (계수가 음수이면 부등호의 방향이 바뀐다) (예의 경우) $-2x > 6 \rightarrow x < 6 \div (-2) = -3$ (부등호가 반대로 바뀜에 유의)

5) 결국 좌변에 그 미지수만 남게 될 때, 해가 만들어 진다. (예의 경우) $x < -3$ (이것이 해)

연립 부등식(system of inequalities)

▷ **1차 연립 부등식이란?** 연립방정식처럼 두 개의 1차 부등식을 묶어 나타낸 것. 두 부등식을 모두 만족하는 미지수의 값의 범위(연립 부등식의 해)를 구하는 것을 그 연립 부등식을 푼다고 한다.

▷ **1차 연립 부등식을 푸는 법:**
1) 연립한 각 부등식을 각자 푼 다음
2) 공통적인 미지수 범위를 수직선 위에서 나타내어 찾는다.

예를 들면, 연립 방정식 $2x < x + 5,\ x - 3 \leq 4x$를 풀어보면, $2x < x + 5$ → $x < 5$이고 $x - 3 \leq 4x$ → $-1 \leq x$이다. 따라서 수직선 상에서 공통 부분을 나타내 보면 $-1 \leq x < 5$ (즉, $x = -1$보다 같거나 크고 5보다는 작은 수)가 그 해가 된다.

▷ **A<B<C 형태의 부등식:** 이 형태는 A<B와 B<C 2개의 연립 부등식과 동일한 개념이므로, 이 연립 부등식의 해를 구하면 된다.

▷ **절대값이 들어간 부등식 푸는 법:** 절대값 안의 수가 0보다 같거나 큰 경우와 0보다 작은 경우로 나누어서 각각 해를 찾은 다음 둘을 합친다.

예를 들어, $|x - 1| > 2x - 3$의 경우의 해를 구해보면,

1) $x \geq 1$의 경우: $x - 1 > 2x - 3$ → $x < 2$. 따라서 $1 \leq x < 2$를 얻을 수 있고,

2) $x < 1$의 경우: $-(x - 1) > 2x - 3$ → $x < \dfrac{4}{3}$. 따라서 $x < 1$이 모두 이 경우의 해가 되므로,

3) 위의 1)과 2)를 합치면, 이 부등식의 해는 $x < 2$가 된다.

 2차 부등식(quadratic inequality)

▷ **2차 부등식이란?** 부등식 중에 2차 문자식이 들어 간 경우

▷ **2차 부등식을 푸는 법:** 이항을 통해 우변을 0으로 만든 후, 좌변을 인수분해 한다. 그 다음 이 부등식의 부호를 만족시키는 각 1차식의 해를 찾아 공통 부분을 취한다.

예를 들면, $2x^2 + 2x > x + 3$의 경우, 이 식을 정리하면, $2x^2 + x - 3 > 0$.

즉, $(2x + 3)(x - 1) > 0$이 되므로 $x > 1$ 또는 $x < -\dfrac{3}{2}$ (각 1차 식이 둘 다 양 또는 둘 다 음이면 두 1차 식의 곱도 양이 된다.) 만일 부등호가 반대의 부등식이었다면, $(2x + 3)(x - 1) < 0$이 되며, 따라서 $-\dfrac{3}{2} < x < 1$이 해가 된다. (그래야 양과 음의 곱이므로 음이 된다.)

확인 문제

1. 다음 중 항상 성립하는 경우가 아닌 것은? … (   )

① $a < b \rightarrow a - c < b - c$ ② $a < b \rightarrow a^2 < b^2$

③ $a \leq |a|$ ④ $a < b,\ b < c \rightarrow a < c$

2. 다음 1차 부등식들을 푸시오

(1) $2x - 3 > 5$ (2) $3(x-2) + 9 \leq 4x - 1$

(3) $7 - 4x > x - 2$ (4) $\dfrac{2x+3}{-5} > -3$

3. 다음 부등식들을 푸시오.

(1) $3x + 2 < 2x,\ 5 - x < 10$ (2) $x - 9 \leq 3x + 1 < 2x - 1$

(3) $|2x - 1| < x + 3$ (4) $1 - x < 3x,\ x^2 - 4 < 0$

4. 다음 2차 부등식들을 푸시오

(1) $3x^2 - 6x > 0$ (2) $x^2 - 6x + 9 \leq 0$

(3) $9 - 4x^2 > 0$ (4) $x^2 + x + 1 > 0$

5. 다음 부등식 중 해가 없는 것은? … (   )

① $2x^2 - x > 3$ ② $|2x - 5| + 1 > 0$

③ $x^2 - 3x + 5 \leq 0$ ④ $x + 1 > 2x + 1 > 3x + 1$

6. 부등식 $x - 2a > a(x+1)$의 해가 $x < -6$이라면 a의 값은?

7. 부등식 $|x+1| - 1 < |2x - 1|$을 푸시오

8. 귤 100개 들이 1박스를 22,000원에 사서 이를 다시 1개당 300원에 팔려고 한다. 이 한 박스 중 최소 몇 개 이상을 팔아야 나머지는 상해서 그냥 버리더라도 이익이 5천원을 넘게 될까요?

9. 처음 1시간까지는 5000원을 받고 10분 초과당 1000원을 받는 주차장에서 요금이 15000원 이하로 나오게 하려면 주차 시간이 어떻게 되어야 할까요?

10. 가로, 세로의 길이가 다르고 둘레의 길이가 20cm인 직사각형의 면적을 20cm^2 이상으로 만들려면, 각 변의 길이의 범위는?

메 모 장

2-6 함수와 그래프

함수(function)의 개념

▷ **함수란?** 어떤 수의 집합 A, B가 있다고 하자. A 집합의 임의의 수 x에 대하여 B집합의 반드시 어떤 <u>하나의 수</u> y가 대응이 될 때, 이 대응 관계를 함수 관계라고 하며, y는 x의 함수라고 표현하기도 한다.

이 함수 관계를 f라고 할 때, $y = f(x)$로 쓰는데, 만일 f가 x의 값의 2배를 y로 대응시키는 함수라면, $f(x) = 2x$ 및 $y = 2x$가 될 것이며, x값 1, 2, 3,... 에 대하여 $f(1) = 2$, $f(2) = 4$, $f(3) = 6$,...등이 y값으로 대응된다. 반면, $y^2 = 2x$는 함수가 되지 못한다. (왜냐하면, 후자는 $x = 2$일 때, y는 2 또는 -2 처럼 두 개의 값이 대응되는 때문). 그러나 $f(x) = |x|$인 경우, $f(1) = f(-1) = 1$처럼 x의 서로 다른 2개의 값에 대해 동일한 y값이 대응되는 경우는 함수 요건에 문제가 없다.

▷ **정의역(domain), 공역(codomain), 치역(range):** 만일 A={1, 2, 3}, B={2, 4, 6, 8, 10}이라고 할 때, 함수 f가 A집합의 원소 x에 대해 B집합의 $2x$값을 대응시킨다고 하면, A는 정의역, B는 공역, $f(A) = \{f(1), f(2), f(3)\}$ =C라고 할 때, C={2,4,6}은 치역이 된다.

정비례(proportion)와 반비례(inverse proportion)

▷ **정비례 관계:** 함수 $y = f(x)$에서 x의 값이 2배, 3배 등으로 변함에 따라, y값도 2배, 3배 등 같은 비율로 변하면, y는 x에 정비례 한다고 한다. 정비례 관계는 $y = ax\,(a \neq 0)$ 형태의 식이 성립한다. 왜냐하면, $y_1 = f(x_1)$이며 x_1, y_1가 0이 아닐 때, y가 x에 정비례 한다면, $\dfrac{x}{x_1} = \dfrac{y}{y_1}$이므로 $y = \dfrac{y_1}{x_1} x$의 모양이 된다. 즉, $y = ax$형이 된다.

▷ **반비례 관계:** 함수 $y = f(x)$에서 x의 값이 2배, 3배 등으로 변함에 따라, y값은 $\dfrac{1}{2}$배, $\dfrac{1}{3}$배 등의 비율로 변하면, y는 x에 반비례 한다고 한다. 반비례 관계는 $xy = a$ 또는 $y = \dfrac{a}{x}$ (a≠0, x≠0) 형태의 식이 성립한다. 왜냐하면, $y_1 = f(x_1)$이며 x_1, y_1이 0이 아닐 때, y가 x에 반비례 한다면, $\dfrac{x}{x_1} = \dfrac{y_1}{y}$이므로 $xy = x_1 y_1$의 모양이 된다. 즉, $xy = a$형이 된다.

▷ **1차 함수의 일반형:** 정의역과 공역이 실수이면서, $y = f(x)$의 관계가 $y = ax + b$ (a, b는 상수. $a \neq 0$)로 나타날 때, 이를 1차 함수라고 한다.

예를 들면, $y = 2x - 1$은 x의 값 1, 2, 3, …에 대해 y 값 1, 3, 5, …등이 각각 대응되는 1차 함수이다.

▷ **1차 함수의 그래프:** 서로 수직의 x, y좌표 상에서, 1차 함수의 수평선 x값들에 각각 대응되는 수직선 y 값들의 크기의 위치를 나타내는 점들의 자취를 표시해 보면(그래프), 일직선 모양이 된다.

▷ **기울기와 절편:** 기울기란 x값의 증가에 대한 y값의 증가 비율을 의미.

$y = ax + b$의 경우, $y_1 = ax_1 + b$, $y_2 = ax_2 + b$ → $\dfrac{y_2 - y_1}{x_2 - x_1} = a$ 이므로 기울기는 항상 a, 즉 x의 계수가 된다. 이 직선 그래프가 x축과 만나는 점의 x값을 x절편, y축과 만나는 점의 y값을 y절편이라고 하는데, x절편은 $y = ax + b = 0$인 경우이므로, $-\dfrac{b}{a}$. 또한 y절편은 $x = 0$인 경우로 b가 된다.

▷ $\boxed{y = ax^2}$ **형의 그래프:** 원점을 꼭지점으로 y축을 중심축으로 대칭이 되는 포물선으로, $a > 0$이면 아래로 볼록, $a < 0$이면 위로 볼록한 모양이 된다.

▷ **일반형** $\boxed{y = ax^2 + bx + c}$ **의 그래프:**

1) y절편값 : 상수항 c

2) x절편값 : $ax^2 + bx + c = 0$의 근 (판별식에 따라 0개~2개)

3) 꼭지점 좌표 : $ax^2 + bx + c$를 x의 완전제곱꼴 $a(x - p)^2 + q$의 형태로 바꾸면, 꼭지점의 좌표는 (p, q).

한 예로, $y = 2x^2 - 4x + 1$의 경우 y절편값은 1, x절편값은 근의 공식에 의해 $\dfrac{2 \pm \sqrt{2}}{2}$ 두 개이며, $2x^2 - 4x + 1 = 2(x^2 - 2x) + 1 = 2(x - 1)^2 - 2 + 1 = 2(x - 1)^2 - 1$이므로 이 2차 함수의 그래프는 꼭지점의 좌표는 (1, −1). ($y = 2x^2$ 그래프를 x축 방향으로 1, y축 방향으로 −1만큼 평행이동한 것)

▷ **2차 함수의 최대값, 최소값:** $y = a(x - p)^2 + q$ 형으로 바꾸면 $a > 0$일 때는 $x = p$에서 최소값 q를 가지며, $a < 0$일 때는 $x = p$에서 최대값 q를 가진다. 예를 들어, 위의 $y = 2x^2 - 4x + 1$의 경우 $y = 2(x - 1)^2 - 1$이 되므로, $x = 1$에서 최소값 −1을 가진다. (즉, 이 식의 경우 모든 x에 대해 $y = 2x^2 - 4x + 5 \geq -1$)

71

1. 다음 중 y가 x의 함수로 볼 수 없는 것은? … (   )

① $y=2x^2-1$ ② $y=3|x|$

③ $2x+3y-1=0$ ④ $x^2+y^2=1$

2. 어떤 함수 $f(x)=x^2+x+1$의 정의역과 공역이 실수 집합이라고 할 때, 치역은 어떤 집합이 될까요?

3. 정비례 함수 $y=4x$와 반비례 함수 $xy=9$의 그래프가 만나는 점을 좌표로 나타내시오.

4. 조건이 다음과 같을 경우의 1차 함수의 식을 구하시오.

(1) x절편이 3이고, y절편이 -2

(2) $y=2x-7$과 평행하며, x절편이 -1

(3) 좌표상 $(-2,-1)$을 지나고, y절편이 2

(4) $y=-2x+5$의 그래프를 x축 방향으로 2만큼 평행이동

(5) $2x+y-3=0$의 그래프를 x축을 기준으로 대칭 이동

5. 다음 중 $y=ax^2+bx+c$에서 $D=b^2-4ac$라고 할 때, 틀린 것은? … (   )

① $a>0$, $D<0$이면 항상 $y>0$ ② $a>0$, $D>0$이면 x절편이 2개

③ $D=0$이면 x축과 접한다   ④ $a<0$, $D>0$이면, 항상 $y<0$

6. 조건이 다음과 같을 경우의 2차 함수의 식을 구하시오.

(1) 꼭지점이 $(2,-1)$이고 원점을 통과

(2) $y=x^2-2x+5$의 그래프를 x축을 기준으로 대칭 이동

(3) $y=x^2-2x+5$의 그래프를 y축을 기준으로 대칭 이동

(4) x절편이 1과 -3이면서 y의 최대값은 4

7. 2차 함수 $y=-3x^2+2x+1$와 1차 함수 $y=-x+b$가 한 점에서만 만난다고 할 때, b의 값은?

8. $y=2x^2$과 $y=5x+3$의 그래프의 교점을 A,B라고 할 때, 원점O와 이루는 $\triangle AOB$의 면적을 구하시오.

메 모 장

2-7 삼각형

🪐 삼각형의 합동(congruence)

▷ **합동이란?** 2개의 도형이 서로 같은 모양과 크기를 가져서 서로 완전히 포개어질 수 있을 때 두 도형은 서로 합동이라고 한다. 예를 들어, A,B,C를 한 삼각형의 꼭지점들이라고 하고, A′, B′, C′를 다른 삼각형의 꼭지점들이라고 할 때, 세 꼭지점들을 연결한 $\triangle ABC$와 $\triangle A′B′C′$가 완전히 포개어질 때, 두 삼각형은 합동. ($\triangle ABC \equiv \triangle A′B′C′$로 표시)

▷ **삼각형의 합동 조건:** 두 삼각형이 합동이 되려면 세 변의 길이와 세 각의 크기가 각각 서로 같아야 한다. 하지만 이 모두를 다 확인하지 않고도 두 삼각형이 합동이 되는 조건은 한 삼각형의 모양과 크기를 결정하는 조건인 다음 경우이다. (S: Side 변, A: Angle 각)

1) SSS합동: 대응하는 세 변의 길이가 서로 각각 같다.

2) SAS합동: 대응하는 두 변의 길이가 각각 같고 그 사이 <u>끼인 각</u>의 크기가 서로 같다. 그런데, 끼인 각이 아니면, 안 되는 이유는?

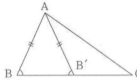 (이 그림에서 $\triangle ABC$와 $\triangle AB′C$는 합동?)

3) ASA합동: 대응하는 한 변의 길이가 서로 같고, 그 양 끝각의 크기가 각각 같다. (그런데, 양끝 각이 아니면 안되는 이유는? 위 그림에서 ∠B와 ∠CAB′가 만일 같다면, $\triangle ABC$와 $\triangle AB′C$는 합동일까?)

▷ **직각삼각형의 합동 조건:** 빗변의 길이와 다른 한 변의 길이가 각각 같기만 하여도 두 직각삼각형은 합동이 된다.

🪐 삼각형의 닮은꼴(similarity)

▷ **닮은꼴이란?** 크기는 다르지만 모양은 닮은 두 도형을 서로 닮은꼴이라고 한다. 이는 각 대응각들은 서로 같고, 각 대응변들의 길이의 비가 일정한 경우이다.

예를 들어, $\triangle ABC$와 $\triangle A′B′C′$가 ∠A=∠A′, ∠B=∠B′, ∠C=∠C′이고, $\overline{AB} : \overline{A′B′} = \overline{BC} : \overline{B′C′} = \overline{CA} : \overline{C′A′}$ 이면, 두 삼각형은 서로 닮은꼴이며, $\triangle ABC \backsim \triangle A′B′C′$ 이라고 표현한다.

▷ **삼각형의 닮음 조건:**

1) **SSS닮음**: 대응하는 각 세 쌍의 변의 길이의 비가 서로 같다.

2) **SAS닮음**: 두 쌍의 대응하는 변의 길이의 비가 같고, 그 사이 끼인각의 크기가 서로 같다.

(직각삼각형의 경우는 끼인각일 필요가 없다)

3) **AA닮음**: 두 쌍의 대응하는 각의 크기가 서로 같다.

 삼각형의 5심

▷ **내심(incenter)**: 삼각형 세 내각의 이등분선의 교점. 내심에서 세 변에 이르는 거리는 모두 같다.
(아래 우측 그림에서, ΔPDB≡ΔPEB, ΔPEC≡ΔPFC이기 때문 – ASA합동 조건)

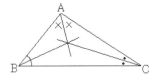 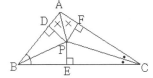

▷ **외심(circumcenter)**: 삼각형 세 변의 수직 이등분선의 교점. 외심에서 세 꼭지점에 이르는 거리는 모두 같다. (아래 우측 그림에서, ΔPAE≡ΔPBE, ΔPAF≡ΔPCF이기 때문 – SAS합동 조건)

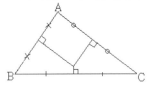 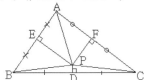

▷ **무게중심(center of gravity)**: 삼각형 세 중선(한 꼭지점과 그 대변의 중점을 연결)의 교점. 무게중심은 세 중선의 길이를 각 꼭지점으로부터 2:1로 내분한다.

(아래 그림에서, ΔABD와 ΔADC는 밑변길이와 높이가 서로 같으므로 면적도 같다. 같은 이유로 ΔGBD와 ΔGDC도 면적이 서로 같으므로, ΔABG와 ΔAGC도 면적이 같다. 따라서 그 면적의 절반에 해당하는 ΔAEG와 ΔAGF의 면적도 서로 같다. 따라서 ΔABG와 ΔAGF의 면적의 비는 2:1. 그런데 붙어있는 두 삼각형의 높이는 같으므로, 각 밑변인 BG와 GF의 길이의 비도 2:1이 된다.)

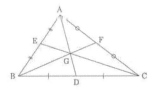

▷ **수심(orthocenter)**: 삼각형 세 수선(꼭지점에서 그 대변에 수직으로 내린 선)의 교점

▷ **방심(excenter)**: 한 내각의 이등분선과 다른 두 외각의 이등분선의 교점 (3개)

확인 문제

1. 다음 중 두 삼각형이 반드시 합동은 아닌 것은? … (   )

① 두 변의 길이가 서로 같고 그 끼인각도 같다.

② 직각삼각형들인데, 두 각과 빗변의 길이가 서로 같다.

③ 이등변삼각형들인데, 한 변과 두 각이 서로 같다.

④ 정삼각형들인데, 한 변의 길이가 서로 같다.

2. 아래 그림처럼 세 평행선 l, m, n 에 교차하는 두 직선 상에서 $a:b=c:d$ 이 성립하는 이유를 설명하시오.

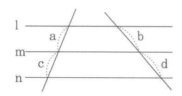

3. 아래 직각삼각형 ABC에서 빗변의 중점을 D라고 할 때, ∠BDC가 ∠A의 2배임을 보이시오.

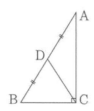

4. 다음 △ABC에서 ∠B=∠CAD일 때, $\overline{BD}$ 의 길이를 구하시오.

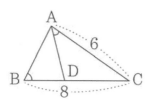

5. 밑변, 높이, 빗변의 길이가 각각 3cm, 4cm, 5cm인 직각삼각형의 세 변에 내접하는 원의 면적은? … (   )

① π ② 2π

③ 1.5π ④ 알 수 없다.

6. 삼각형의 세 변의 수직이등분선이 한 점(외심)에서 만난다는 것을 보인 후, 삼각형의 세 수선도 한 점에서 만난다는 것을 증명하시오.

메 모 장

2-8 피타고라스 정리와 삼각비

▷ **피타고라스 정리란?** 직각삼각형에서 직각을 끼고 있는 두 변의 길이의 제곱의 합은 빗변의 길이의 제곱의 합과 같다는 것으로 고대 그리스의 피타고라스가 발견한 직각삼각형의 놀라운 성질이다. 즉, 오른편 그림에서 $\boxed{a^2 + b^2 = c^2}$ 이 성립한다는 것.

▷ **피타고라스 정리의 증명법 예:** 아래 그림에서 4개의 삼각형은 서로 합동이 되며, 가운데 사각형과 전체 큰 사각형은 정사각형이 되므로, 그 큰 정사각형의 면적은 $(a+b)^2$ 이고 가운데 정사각형의 면적 c^2 과 각 직각삼각형 4개의 면적의 합 $4(\frac{1}{2}ab)$을 더한 것과 같으므로, 결국 $(a+b)^2 = c^2 + 2ab$ 가 되어, 이 식을 정리하면 $a^2 + b^2 = c^2$ 을 얻는다.

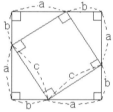

▷ **피타고라스 정리의 역:** 삼각형 세 변의 길이 a, b, c 사이에 $a^2 + b^2 = c^2$ 이 성립하면 이 삼각형은 c 에 해당하는 변의 대응각인 $\angle C = 90°$ 인 직각삼각형이다.

▷ **삼각비란?** 직각삼각형에서 직각이 아닌 좌측 각의 크기에 따라 밑변, 높이, 빗변 길이들의 비의 값을 나타낸 것. 아래 그림에서,

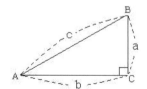

$$\sin A: \frac{높이}{빗변} = \frac{a}{c}, \quad \cos A: \frac{밑변}{빗변} = \frac{b}{c}, \quad \tan A: \frac{높이}{밑변} = \frac{a}{b}$$

그런데 여기서 $\boxed{\dfrac{\sin A}{\cos A} = \tan A}$ ($\dfrac{a}{c} \div \dfrac{b}{c} = \dfrac{a}{c} \times \dfrac{c}{b} = \dfrac{a}{b}$ 이기 때문)

▷ **sin, cos, tan의 읽기:** 사인(sine), 코사인(cosine), 탄젠트(tangent)

▷ **여각 공식들:** $\sin A = \cos(90°-A)$, $\cos A = \sin(90°-A)$, $\tan A = \dfrac{1}{\tan(90°-A)}$

▷ **특수 각의 삼각비 값:** $\angle A$가 $30°$, $45°$, $60°$의 경우의 삼각비의 값은

$$\sin 30° = \cos 60° = \frac{1}{2}, \quad \cos 30° = \sin 60° = \frac{\sqrt{3}}{2}, \quad \sin 45° = \cos 45° = \frac{1}{\sqrt{2}}$$

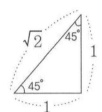

(이등변직각삼각형)

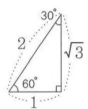

(정삼각형의 절반)

▷ **0°, 90°의 삼각비:** $\sin 0° = \cos 90° = 0$, $\sin 90° = \cos 0° = 1$, $\tan 0° = 0$

▷ $\boxed{\sin^2 A + \cos^2 A = 1}$: 피타고라스 정리에 의해 $\dfrac{a^2}{c^2} + \dfrac{b^2}{c^2} = \dfrac{a^2+b^2}{c^2} = \dfrac{c^2}{c^2} = 1$

따라서 $\sin A = \sqrt{1-\cos^2 A}$, $\cos A = \sqrt{1-\sin^2 A}$

▷ **삼각비를 이용한 삼각형의 면적 구하기**

1) 예각 삼각형의 경우: $\angle B$가 예각($90°$보다 작은 각)일 때, 아래 좌측 삼각형의 높이는

$c \times \sin B$ 이므로 삼각형 면적: $\boxed{S = \dfrac{1}{2}\, a\, c \sin B}$

2) 둔각 삼각형의 경우: $\angle B$가 둔각($90°$보다 큰 각)일 때, 아래 우측 삼각형의 높이는

$c \times \sin(180°-B)$이므로 삼각형의 면적: $\boxed{S = \dfrac{1}{2}\, a\, c \sin(180°-B)}$

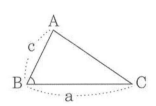

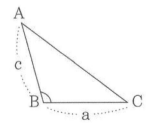

확인 문제

1. 빗변의 길이가 13cm이고 밑변의 길이가 5cm인 직각삼각형의 면적을 구하시오

2. 다음 중 그 삼각비의 값이 가장 큰 것은?
① $\sin 45°$ 　　　　② $\cos 30°$
③ $\sin 65°$ 　　　　④ $\tan 65°$

3. 삼각형의 한 각을 A라고 할 때, $\sin A + \cos A = \dfrac{3}{2}$ 이라고 합니다.
그럼, $\sin A \times \cos A$의 값은?

4. 어느 사각형의 두 대각선은 서로 30°로 교차하며 각 대각선 길이가 각각 6cm, 8cm라고 합니다. 이 사각형의 면적을 구하시오.

5. 좌표 평면 위의 두 점 A(−2,−1), B(4,3)사이의 길이를 구하시오.

6. 한 모서리의 길이가 5cm인 정육면체의 대각선의 길이를 구하시오.

7. 어느 직각삼각형의 높이는 밑변 길이의 2배이며, 빗변 길이는 높이 보다 1cm 더 길다고 합니다. 이 직각삼각형의 둘레의 길이는?

8. 밑면의 길이와 높이의 길이가 각각 3cm, 4cm인 직각삼각형 ABC에서 빗변 AB의 중점을 D라고 하고, 꼭지점 C에서 빗변 AB에 수선을 내린 점을 E라고 할 때 선분 DE의 길이는?

9. 밑면은 한 변이 8cm인 정사각형 ABCD이고, 옆면은 정삼각형인 사각뿔 P−ABCD가 있을 때, 변 PA와 변 PB의 중점을 각각 EF라고 할 때 사각형 EFCD의 면적을 구하시오.

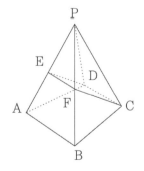

메 모 장

🪐 원과 부채꼴(sector)

▷ **부채꼴이란?** 한 원에서 두 개의 반지름으로 쪼개어 낸 조각 모양

▷ **호와 현과 중심각:** 부채꼴 OAB에서 둥근 부분 AB를 호(arc)라고 하고 점A와 점B를 곧게 연결한 선분을 현(chord)이라고 하며, ∠AOB를 중심각(center angle)이라고 한다.

▷ **부채꼴의 성질**

1) 반지름이 같은 원 (합동인 원)에서 중심각이 같은 부채꼴은 호끼리 서로 합동이며 현의 길이도 서로 같다 (삼각형의 SAS합동).

2) 부채꼴의 호의 길이와 넓이는 중심각의 크기에 정비례한다.

▷ **부채꼴의 넓이와 호의 길이와의 관계:** 반지름의 길이가 r 이고 호의 길이가 l 인 부채꼴의 넓이는 $\boxed{S=\dfrac{1}{2} r l}$ 이 된다. (왜냐하면, 중심각을 x 라고 하면, $360 : x = 2 \pi r : l = \pi r^2 : S$ → $2 \pi r S = \pi r^2 l$ → $S = \dfrac{1}{2} r l$)

🪐 원과 내접 삼각형

1) 원의 중심을 O, 내접 삼각형을 △ABC라고 하면, ∠AOB는 호AB의 원주각인 ∠ACB의 2배가 된다. 즉, $\boxed{∠AOB=2∠ACB}$. (△CAO와 △COB는 반지름이 공통인 이등변삼각형임에 유의)

 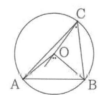

2) 따라서, 변AB를 한 변으로 하는 모든 내접 삼각형은 변AB와 마주 보는 각의 크기는 모두 같다 (∠AOB의 절반)

3) 또한 변AB가 원의 지름일 경우는 마주보는 각의 크기는 직각이다.

1) 한 쌍의 마주보는 대각의 크기의 합은 180°이다.

2) 따라서, 한 외각의 크기는 그 내대각의 크기와 같다. (오른쪽 그림)

원과 직선

▷ **원과 직선과의 위치 관계:** 반지름 r 인 원O와 직선 l 사이의 거리를 d 라고 하면, 다음과 같은 관계가 성립한다.

1) 두 점에서 만날 경우: $d \langle r$ 2) 한 점에서 만날 경우: $d = r$

3) 만나지 않는 경우: $d \rangle r$

▷ **원의 접선:**

1) 원의 접선은 그 접점과 이와 연결되는 원의 반지름과는 수직

2) 원의 외부의 한 점에서 원에 그은 두 접선의 길이는 같다.

3) 원의 접선과 그 접점과 연결된 현이 이루는 각은 그 현이 마주보는 내부의 원주각의 크기와 같다. (지름 AC´가 원의 중심 O를 지나면, ∠C=∠C´이고 ∠ABC´=90°가 되며, 반지름 OA와 l은 수직이므로)

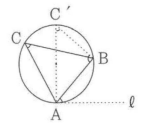

원과 비례

1) 원 내부의 두 할선 AB와 CD가 한 점 P에서 만날 때, $\overline{PA} \times \overline{PB} = \overline{PC} \times \overline{PD}$ 이다. (△PAC 와 △PDB는 닮은꼴)

2) 원의 두 현 AB, CD의 각 연장선이 원의 외부 한 점 P에서 만날 때, $\overline{PA} \times \overline{PB} = \overline{PC} \times \overline{PD}$ 이다. (△PAC와 △PDB는 닮은꼴)

3) 원의 한 현 AB의 연장선과 원의 T점에서의 접선이 원의 외부 한 점 P에서 만난다고 할 때, $\overline{PT}^2 = \overline{PA} \times \overline{PB}$ (△PTA와 △PBT는 닮은꼴)

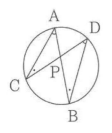 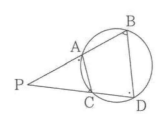 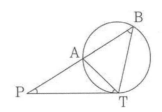

확인 문제

1. 밑면 원의 반지름이 3cm이고 높이가 4cm인 원뿔의 전개도에서의 부채꼴의 면적을 구하시오

2. △ABC의 외접원 상에서, 점A, B의 두 접선이 P에서 만난다고 한다. ∠APB=40°, ∠CAB=65° 일 때, ∠ABC의 크기를 구하시오.

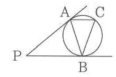

3. 반지름이 5cm, 10cm인 두 원의 중심 사이가 13cm 떨어져 있다고 할 때, 그 두 원의 공통외접선의 두 접점 사이의 거리를 구하시오

4. 두 원 O, O´ 가 두 점 A,B에서 겹칠 때 두 원의 중심선 OO´ 는 두 원의 공통현 AB를 수직이등분함을 증명하시오.

5. 다음 그림처럼 원의 지름 AB의 연장선과 원 위의 점 T에서의 접선이 점 P에서 만날 때, $\overline{PA}$=2, $\overline{PT}$=5라면 원의 반지름의 크기는?

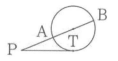

6. 원에 내접하는 사각형 ABCD에서 대각선AD가 ∠CDB를 이등분하고,변AB의 연장선과 변CD의 연장선이 P에서 만난다고 할 때, $\overline{PA}$=5, $\overline{PC}$=4, $\overline{AC}$=2이면, $\overline{BD}$의 길이는?

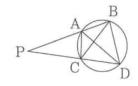

7. 두 원이 섭하는 섭섬을 지나며 누 원과 접하는 한 직선 상의 한 점 P에서 그은 두 원의 할선을 각각 AB, CD라고 할 때, $\overline{PA}$=2, $\overline{AB}$=4,$\overline{CD}$=8이라면, $\overline{PC}$의 길이는?

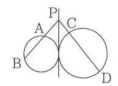

메 모 장

2-10 확률

순열 (permutation)

▷ **순열이란?** 서로 다른 선택 대상들 중에서 그 중 몇 개를 순서 개념을 가지고 선택하는(순서쌍) 방법의 수. 예를 들면, 1, 2, 3이 각각 쓰인 카드 3장으로 만들 수 있는 두 자리수의 개수는 10의 자리 수에 3가지가 올 수 있고, 그 각 3가지 마다 나머지 2장 중에서 1의 자리수로 뽑는 두 가지 경우가 있으므로, 결국 $3 \times 2 = 6$가지의 방법이 있다.

▷ **계승(factorial):** 어떤 자연수 n에 대해, 1부터 n까지의 자연수의 곱을 n 계승이라고 하며 $n!$로 쓴다. 예를 들면, $5! = 5 \times 4 \times 3 \times 2 \times 1 = 120$

▷ **순열의 계산법:** 일반적으로 n개의 서로 다른 선택 대상 중에서 r개를 뽑아서 순서쌍을 만드는 방법(nPr로 표시)은 $n(n-1)(n-2)\ldots(n-r+1)$ 〈r개 곱〉이며, 따라서 $$\boxed{nPr = \frac{n!}{(n-r)!}}$$ 로 계산된다.

예를 들어, 1, 2, 3, 4, 5가 쓰인 5장의 카드에서 3장을 뽑아 3자리 수를 만드는 방법은 $5P_3 = \frac{5!}{2!} = 5 \times 4 \times 3 = 60$ 가지가 된다. (같은 것을 중복하여 뽑을 수 있다면 $5^3 = 125$ 가지)

▷ **같은 것이 들어 있는 순열:** n개 중에 같은 것이 각각 p개, q개 있을 때, n개를 일렬로 배열하는 방법의 수는 $\frac{n!}{p!q!}$ 가 된다.

▷ **원순열(circular permutation):** 서로 다른 n개를 원으로 배열하는 방법의 수는 $\frac{n!}{n} = (n-1)!$ 또한, 뒤집을 수 있는 염주로 만드는 방법은 $\frac{n!}{2n} = \frac{(n-1)!}{2}$.

조합 (combination)

▷ **조합이란?** 서로 다른 선택 대상들 중에서 몇 개를 순서 개념 없이 뽑는 방법의 수. 예를 들면, 1, 2, 3이 쓰인 카드 3장에서 2장을 뽑는 방법은 1, 2 그리고 1, 3 그리고 2, 3 등 세 가지 방법이 있다. 일반적으로 서로 다른 n개 중에서 r개를 순서 개념 없이 뽑는 방법 (조합)의 수를 nCr이라고 표시한다.

▷ **순열과 조합의 관계:** nPr과 nCr의 관계는, 뽑아놓은 r개에 순서를 부여하는 방법이 $r!$개이므로 nPr=nCr$\times r!$ 관계가 성립한다.

▷ **조합의 계산 공식:** nCr= $\frac{nP_r}{r!}$ 이므로 결국 $\boxed{nCr = \frac{n!}{(n-r)!r!}}$ 예를 들어, 1, 2, 3, 4, 5가

쓰인 5장의 카드에서 3장의 카드를 선택하는 방법은 $_5C_3=\dfrac{5!}{3!2!}=\dfrac{5\times4\times3\times2\times1}{3\times2\times1\times2\times1}=10$가지가 있다.

▷ **중복조합:** n 개의 서로 다른 선택 대상 중에서 같은 것을 중복해서 뽑을 수도 있다고 할 때, r 개를 뽑는 방법 (순서와는 무관) $\boxed{_nH_r = {}_{n+r-1}C_r}$

확률(probability)의 법칙

▷ **합의 법칙:** 하나의 사건에서, A가 일어날 확률을 P(A), B가 일어날 확률을 P(B)라고 하고, A와 B가 동시에 일어날 확률을 P(A∩B)라고 하면, 이 사건에서 A 또는 B가 일어날 확률은 $\boxed{\text{P(A∪B)= P(A)+P(B)−P(A∩B)}}$이 된다. 여기서 P(A∩B)=0이면 A와 B는 서로 배반 사건이라고 한다. 예를 들면, 주사위를 던져, 2이하가 나오거나 짝수가 나올 확률은 (둘 다에 해당되는 경우는 2가 나오는 경우뿐) $\dfrac{2}{6}+\dfrac{3}{6}-\dfrac{1}{6}=\dfrac{2}{3}$가 된다.

▷ **곱의 법칙:** 두 가지의 사건에서, 첫 번째 사건에서 A가 일어날 확률을 P(A), 두 번째 사건에서 B가 일어날 확률을 P(B)라고 하고, A가 일어났을 경우 중에 B가 일어날 확률을 P(B|A)라고 한다면, A와 B가 함께 일어날 확률은 $\boxed{\text{P(A∩B)= P(A)×P(B|A)}}$가 된다. 여기서 P(B|A)=P(B) 즉 B가 일어날 확률이 A의 발생과는 상관이 없을 때 A와 B는 서로 독립 사건이라고 한다. 예를 들어, 주사위를 두번 던져 첫 번째는 2이하가 나오고 두 번째는 짝수가 나올 확률은 두 경우는 서로 독립 사건이므로 $\dfrac{2}{6}\times\dfrac{3}{6}=\dfrac{1}{6}$가 되는 것이다.

이항 계수 (binomial coefficient)

▷ $(a+b)^n$ **형의 전개:** $(a+b)$가 n 번 곱해지는 동안, 각 항에서 a 의 제곱 횟수와 이에 곱해지는 b 의 제곱 횟수의 합은 항상 n 이 되며, $(a+b)$의 n 제곱 전개 직후 b 의 곱이 k 번인 항의 개수는 모두 $_nC_k$.

따라서, $\boxed{(a+b)^n = {}_nC_0 a^n + {}_nC_1 a^{n-1}b + {}_nC_2 a^{n-2}b^2 + ... + {}_nC_{n-1}ab^{n-1} + {}_nC_n b^n}$

여기에서 $a=1$, $b=x$를 대입하면, $(1+x)^n = {}_nC_0 + {}_nC_1 x + {}_nC_2 x^2 + ... + {}_nC_{n-1}x^{n-1} + {}_nC_n x^n$

또한 여기에 $x=1$을 대입하면, $_nC_0 + {}_nC_1 + {}_nC_2 + ... + {}_nC_{n-1} + {}_nC_n = (1+1)^n = 2^n$ 이 성립하며, 한편, 위에서 $x=-1$을 대입하면, $_nC_0 - {}_nC_1 + {}_nC_2 - {}_nC_3 + ... + (-1)^n {}_nC_n = (1-1)^n = 0$ 이 성립한다.

1. 1부터 5까지의 번호가 매겨진 구슬 5개가 주머니 속에 들어 있습니다. 다음 물음에 답하시오.

(1) 구슬 3개를 꺼내는 방법은 몇 가지일까요?

(2) 구슬 3개를 꺼내어 세 자리 수를 만드는 방법은 몇 가지 입니까?

(3) 구슬 4개를 뽑아 원 모양을 만드는 방법은 몇 가지입니까?

(4) 구슬 5개를 뽑아 염주를 꿰어 만드는 방법은 몇 가지입니까?

(5) 구슬을 2개 뽑았을 때, 숫자의 합이 8 미만이 될 확률은?

2. 다음 그림에서 A점에서 B점은 거치지 않고 C점으로 가는 가장 빠른 길은 몇 가지가 될까요?

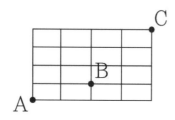

3. 사지선다형 총 5문제 시험 문제를 모두 찍기로 골랐다고 할 때 다음 질문에 답하시오.

(1) 100점 맞을 확률은?

(2) 0점은 피할 확률은?

(3) 세 문제를 맞추어 60점이 될 확률은?

(4) 40점 이하가 될 확률은?

4. $(x + \dfrac{1}{x})^8$ 을 전개할 때 상수항의 값은?

5. 주머니 속에 빨간 구슬 4개, 파란 구슬 3개가 들어있다고 합니다.

(1) 구슬 2개를 뽑았을 때 모두 빨간 구슬일 확률은?

(2) 구슬을 5개 뽑았을 때 빨간 구슬 3개, 파란 구슬 2개일 확률은?

(3) 구슬을 모두 꺼내어 순서대로 나열하는 방법은 모두 몇 가지?

(4) 구슬을 3개 뽑아서 순서대로 나열하는 방법은 모두 몇 가지?

6. 세 사람이 가위 바위 보를 1회 했을 때, 승부가 바로 결정될 확률은?

메 모 장

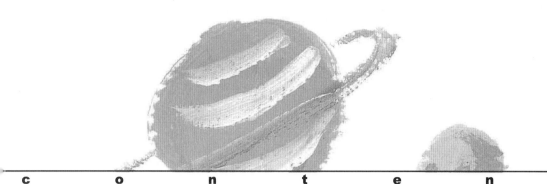

고등 수학

3-1 복소수와 고차다항식

명제 (proposition)

▷ **명제란?** 참이나 거짓을 판별할 수 있는 문장 또는 식. 어떤 명제를 p 라고 표시할 때 이를 아니라고 부정하는 것은 $\sim p$ 로 나타낸다. $\sim(\sim p) = p$ 임을 유의. 또한 p 가 참이면 $\sim p$ 는 거짓이 되며, p 가 거짓이면 $\sim p$ 는 참이 된다.

▷ **조건명제:** 'p 이면 q 이다.'($p \rightarrow q$ 로 표시)와 같이 가정(p)과 결론(q)으로 표현되는 명제를 조건 명제라고 한다. p 를 만족하는 집합을 P, 또한 q 를 만족하는 집합을 Q라 하면, $p \rightarrow q$ 가 참이라는 것은 P⊂Q 관계가 성립.

예를 들면, '모든 10의 배수는 짝수이다.'라는 조건명제의 경우 10의 배수의 집합은 모든 짝수 집합의 부분집합이 되며 이 명제의 경우 참이 된다. 단, 유의해야 할 것은 조건명제의 경우 가정을 만족하는 경우가 없으면 위의 P={ }이 되며, 어떤 Q에 대해서도 P⊂Q이고, 이런 명제는 무조건 참으로 간주한다.

▷ **조건 명제의 역(converse)/이(obverse)/대우(contraposition):**

$p \rightarrow q$ 라는 명제의 역은 $q \rightarrow p$ 이며, 이는 $\sim p \rightarrow \sim q$ 이고, 대우는 $\sim q \rightarrow \sim p$ 를 말한다. $p \rightarrow q$ 가 참이면, 그 대우도 반드시 참이 되지만, 그 역이나 이가 반드시 참이 되는 것은 아니다.

▷ **필요(necessary)/충분(sufficient)/필요충분 조건:** $p \rightarrow q$ 이 참일 때, p 는 q 이기 위한 충분조건이라고 하고, q 는 p 이기 위한 필요조건이라고 한다 (q 가 아니면 p 가 될 수 없기 때문). 또한 그 역인 $q \rightarrow p$ 도 참이면 (즉, $p \leftrightarrow q$), p 는 q 가 되기 위한 필요충분조건이라고 말한다.

복소수 (complex number)

▷ **허수(imaginary number)와 복소수:** 제곱했을 때 음수가 되는 수는 실수에서는 없지만, 음수의 제곱근으로서의 허수라는 개념을 도입한다. 허수 중 $\sqrt{-1}$ 을 i 로 표시하고 기본적인 허수 단위로 삼는다. 따라서 $i^2 = -1$ 이 되는 셈. 예를 들어, $\sqrt{-4}$ 는 $\sqrt{(-1) \times 4} = \sqrt{-1} \times \sqrt{4}$ $= 2\sqrt{-1}$ 로 보아서 $2i$ 로 표시. $a > 0$ 일 때 마찬가지 방식으로 $\sqrt{-a} = \sqrt{a}\,i$ 로 표기 하기로 약속. 복소수는 실수와 허수의 합의 모양으로 나타낸 수를 말하며, a, b 가 실수일 때, $a + bi$ 가 일반적인 복소수의 형태이다. (예: $2 + \sqrt{3}\,i$)

▷ **복소수의 사칙 연산 정의:** $(a + bi) \pm (c + di) = (a \pm c) + (b \pm d)i$, $(a + bi)(c + di) = (ac - bd) + (ad + bc)i$, $\dfrac{a + bi}{c + di} = \dfrac{ac + bd}{c^2 + d^2} + \dfrac{bc - ad}{c^2 + d^2}i$

▷ **켤레 복소수:** 복소수 $z = a + bi$ 에 대해 $a - bi$ 를 z 의 켤레복소수라고 하며, $\bar{z}$ 로 나

타낸다. $\overline{(\bar{z})}$ 는 다시 원래의 z와 같아지며, $z + \bar{z} = 2a$, $z \bar{z} = a^2 + b^2$ 이므로 두 복소수의 합과 곱은 실수가 됨에 유의.

또한 $\alpha (\neq 0)$, β 두 복소수가 있을 때, $\overline{\alpha \pm \beta} = \bar{\alpha} \pm \bar{\beta}$, $\overline{\alpha\beta} = \bar{\alpha} \cdot \bar{\beta}$, $\overline{\left(\dfrac{\beta}{\alpha}\right)} = \dfrac{\bar{\beta}}{\bar{\alpha}}$ 가 성립

▷ **복소수의 성질:** 사칙연산에 대하여 닫혀있으며 (그 연산 결과도 복소수)

$a + bi = 0 \to a = 0$, $b = 0$이 된다. 또한 실수처럼 덧셈, 곱셈 등에 있어서의 교환/결합/

배분 법칙이 성립. 한편 복소수의 절대값 $|a + bi| = \sqrt{a^2 + b^2}$ 로 정의된다. 이 때 두 복소

수 z_1, z_2 에 대해 $|z_1 z_2| = |z_1| |z_2|$, $\left|\dfrac{z_1}{z_2}\right| = \dfrac{|z_1|}{|z_2|}$ 가 성립함에 유의할 것.

고차 다항식의 계산

▷ **고차 다항식의 인수분해 공식들:**

$a^3 \pm b^3 = (a \pm b)(a^2 \mp ab + b^2)$, $a^3 \pm 3a^2 b + 3ab^2 \pm b^3 = (a \pm b)^3$

$a^4 + a^2 b^2 + b^4 = (a^2 + ab + b^2)(a^2 - ab + b^2)$

$a^3 + b^3 + c^3 - 3abc = (a + b + c)(a^2 + b^2 + c^2 - ab - bc - ca)$

$a^n - b^n = (a - b)(a^{n-1} + a^{n-2}b + a^{n-3}b^2 + \cdots + ab^{n-2} + b^{n-1})$

n이 홀수일 때: $a^n + b^n = (a + b)(a^{n-1} - a^{n-2}b + a^{n-3}b^2 - \cdots + b^{n-1})$

▷ **조립제법(synthetic division):** 다항식을 1차식으로 나눌 때, 몫과 나머지를 구하는 법. 다항식 $2x^3 - 3x^2 - 4x + 5$ 을 $x - 2$로 나눌 경우, 다항식의 각 계수들을 차례로 $x - 2$의 2를 계속 곱하면서 아래처럼 더하기 계산을 하면, $2x^2 + x - 2$는 몫, 나머지는 1.

```
2 |  2   -3   -4    5
+ |      4    2   -4
  ------------------------
    2×2  1×2  -2×2│  1
```

즉, $2x^3 - 3x^2 - 4x + 5 = (2x^2 + x - 2)(x - 2) + 1$가 되는 셈이다.

▷ **유클리드의 호제법(mutual division):** 다항식 A를 다항식 B로 나눌 때, 몫을 Q, 나머지를 R이라고 하면, A = BQ + R (R의 차수 〈 B의 차수)이다. 그런데, B를 다시 R로 나누면, B = RQ_1 + R_1, 같은 방식으로 계속해서, R = R_1 Q_2 + R_2, R_1 = R_2 Q_3 + R_3, ...

$R_{n-1} = R_n Q_{n-1}$ (R_n 차수 〈 R_{n-1} 차수).

이처럼 R_n으로 나누어 떨어지면, R_n이 두 다항식의 최대공약수가 된다.

```
Q_1 |  B    |  A   |  Q
    | -RQ_1 | -BQ  |
    ---------------------
      R_1   |  R   |  Q_2
            | R_1 Q_2 |
```

(왼편과 같이 나누어 떨어질 때까지 계속)

1. 다음 중 명제가 될 수 없는 것은?

① 0보다 큰 수는 자연수이다.   ② 수학은 어렵다.

③ 제주도는 섬이다.   ④ 내가 여자면 너도 여자다.

2. 자연수에서 '6의 배수는 짝수이다.'라는 명제의 역과 이와 대우를 쓰고, 그 참과 거짓 여부를 표시 하시오.

3. 6의 배수는 짝수이기 위한 (충분/필요/필요충분)조건이다. 이중 맞는 것을 고르시오.

4. 다음 복소수의 계산을 간단히 하시오 ($i = \sqrt{-1}$)

(1) $(1+2i)(2+3i) =$ (2) $\dfrac{2+3i}{1+2i} =$

(3) $\sqrt{-12} \times \sqrt{-18} =$ (4) $\dfrac{\sqrt{2} - \sqrt{-3}}{\sqrt{3} + \sqrt{-4}} =$

5. $(1+i)\overline{z} - i\,z = 3i - 2$를 만족하는 복소수 z 를 구하시오.

6. 다음 다항식들을 인수분해 하시오.

(1) $x^4 - y^4 + 2x^3 y + 2xy^3 =$ (2) $x^3 + 3x^2 - 4 =$

(3) $x^7 + 1 =$ (4) $x^3 + y^3 - 6xy + 8 =$

7. $x^{999} + x^{888} - x^2 + ax + b$ 가 $x^2 - 1$로 나누어 떨어진다고 할 때, a, b 값은?

8. 조립제법을 이용하여, $2x^3 - 3x^2 + 4x - 1$을 $2x + 1$로 나눈 몫과 나머지를 구하시오

9. 11로 나누었을 때, 몫과 나머지가 같은 세 자리 자연수를 모두 구하시오

10. $3x^3 + 3x - 6$ 와 $x^3 + 2x^2 + 3x + 2$ 의 최대공약수를 유클리드의 호제법을 이용하여 구하시오

3-2 다양한 방정식과 부등식

여러 가지 방정식

▷ **켤레근(conjugate root):** 계수가 유리수인 고차방정식(3차 이상)의 한 근이 $a+b\sqrt{m}$ 이면, $a-b\sqrt{m}$ 도 이 방정식의 근이 된다. 이와 유사하게, 계수가 실수인 고차방정식의 한 근이 $a+bi$ 이면 $a-bi$ 도 근이 된다. 한 근이 주어질 때, 그 켤레근도 근이 된다는 점을 이용하여 두 근의 곱으로 전체 식을 나누어 인수분해를 하면 고차방정식을 푸는 데 도움.

▷ **상반방정식(reciprocal equation):** 계수가 좌우 서로 대칭인 방정식.

1) $2n$ 차(짝수차) 상반 방정식: 양변을 x^n 으로 나누고 $x+\dfrac{1}{x}=t$ 로 치환하여 푼다. (이 때 $x^2+\dfrac{1}{x^2}=t^2-2$ 로, $x^3+\dfrac{1}{x^3}=t^3-3t$ 로 치환이 된다.) 예를 들어 $x^4+4x^3+5x^2+4x+1=0$ 을 풀려면, 양변에 x^2 을 나누어보면 $x^2+4x+5+\dfrac{4}{x}+\dfrac{1}{x^2}=0$ 이 되므로, $x+\dfrac{1}{x}=t$ 로 놓을 때, $(t^2-2)+(4t)+5=0$. $(t+1)(t+3)=0$ 이 되므로 $t=-1$ 또는 -3. 그런데, $x+\dfrac{1}{x}=-1$ 에서는 $x^2+x+1=0$ (D<0)로 근이 없고, $x+\dfrac{1}{x}=-3$ 에서는 $x^2+3x+1=0$ 즉 $x=\dfrac{-3\pm\sqrt{5}}{2}$ 이 최종 해가 된다.

2) $2n+1$ 차(홀수차) 상반 방정식: $x=-1$ 을 대입하면 성립. 따라서 $(x+1)$ 과 $2n$ 차 상반방정식의 곱으로 변형하여 푼다.

▷ **분수방정식(fractional equation):** 분모에 미지수를 가진 방정식을 분수방정식 이라고 한다. 푸는 방법은 (예: $\dfrac{x+1}{3(x-1)}-\dfrac{x+1}{x^2-1}=0$)

1) 각 항 분모들의 최소공배수를 양변에 곱하여 다항 방정식으로 변환
 (예의 경우, $3(x+1)(x-1)$ 을 곱하여 $(x+1)^2-3(x+1)=0$)

2) 그 다항 방정식의 근을 구한다.
 (예의 경우, $x^2-x-2=(x+1)(x-2)=0$ 으로 $x=-1$ 또는 2)

3) 그 근들 중 분수방정식의 분모를 0으로 만드는 근은 제외
 (예의 경우, $x=-1$ 은 해가 될 수 없으므로, $x=2$ 가 최종 해가 된다.)

▷ **무리방정식(irrational equation):** 미지수에 대한 제곱근이 있는 방정식을 무리방정식이라고 하며, 푸는 방법은 (예: $2x=\sqrt{1-x}+1$)

1) 항들을 이항한 후 양변을 제곱하여 다항방정식으로 변환
(예의 경우, $(2x-1)^2=(\sqrt{1-x})^2$ → $4x^2-3x=0$)

2) 그 다항방정식의 근을 구한다. (예의 경우, $x=0$ 또는 $\dfrac{3}{4}$)

3) 그 근들 중 원 식에 대입하여 성립하지 않는 무연근은 제외한다.

(예의 경우, 0은 무연근이며, $x = \dfrac{3}{4}$ 만이 최종 해가 된다.)

여러 가지 부등식

▷ **고차부등식(inequality of higher degree)의 풀이** (예: $x^4 > 5x^2 - 4$)

1) 식을 정리하여 우변을 0으로 만든다. (예의 경우, $x^4 - 5x^2 + 4 > 0$)

2) 좌변 문자식을 인수분해한다. (예의 경우, $(x-2)(x-1)(x+1)(x+2)$)

3) 표나 수직선으로 그 부호를 조사하여 해를 구한다. (예의 경우, $x > 2$ 또는 $1 > x > -1$ 또는 $x < -2$)

▷ **분수부등식(fractional inequality)의 풀이** (예: $x \ge \dfrac{2x+1}{x+2}$)

1) 식을 정리하여 우변은 0, 좌변은 분자/분모의 분수식으로 만든다.

(예의 경우, $x - \dfrac{2x+1}{x+2} \ge 0$ → $\dfrac{x^2 + 2x - (2x+1)}{x+2} = \dfrac{x^2 - 1}{x+2} \ge 0$)

2) 좌변 분수식의 분자/분모를 각각 인수분해한다. (예의경우, $\dfrac{(x+1)(x-1)}{x+2} \ge 0$)

3) 표나 수직선으로 그 부호를 조사하여 해를 구한다. 단 분모가 0이 되는 경우는 제외한다.
(예의 경우, $x \ge 1$ 또는 $-1 \ge x > -2$)

▷ **절대부등식(absolute inequality):** 어떤 실수값을 대입하여도 항상 성립하는 부등식을 절대부등식이라고 하며, 자주 쓰이는 것으로는,

1) $a^2 \pm 2ab + b^2 \ge 0$

2) $|a| + |b| \ge |a+b|$ $\quad ((|a|+|b|)^2 - (a+b)^2 = 2(|ab| - ab) \ge 0)$

3) 양수 a, b 에 대해, $\dfrac{a+b}{2} \ge \sqrt{ab} \ge \dfrac{2ab}{a+b}$ (순서대로 a, b 의 산술평균, 기하평균, 조화평균이라고 한다. 또한, 등호는 $a = b$ 일 때 성립)

($\dfrac{a+b}{2} - \sqrt{ab} = \dfrac{(\sqrt{a} - \sqrt{b})^2}{2} \ge 0$, $\sqrt{ab} - \dfrac{2ab}{a+b} = \dfrac{\sqrt{ab}(\sqrt{a} - \sqrt{b})^2}{a+b} \ge 0$)

4) $(a^2 + b^2)(c^2 + d^2) \ge (ac + bd)^2$ (좌변 $-$ 우변 $= (bc - ad)^2 > 0$)

5) $a^2 + b^2 + c^2 \ge ab + bc + ca$ (좌 $-$ 우 $= \dfrac{1}{2}\{(a-b)^2 + (b-c)^2 + (c-a)^2\}$)

1. $-2x^3 + 5x^2 - 1 = 0$의 한 근이 $1+\sqrt{2}$ 일 때 나머지 근을 모두 구하시오.

2. 다음 방정식들의 실수 근들을 모두 구하시오

(1) $x^4 - 5x^2 + 4 = 0$ (2) $2x^5 + 6x^4 + 6x^3 + 2x^2 = 0$

(3) $x^4 - 3x^3 + 2x^2 - 3x + 1 = 0$ (4) $x^5 + 2x^4 - 3x^3 - 3x^2 + 2x + 1 = 0$

3. 다음 방정식들을 푸시오.

(1) $\dfrac{1}{x} - \dfrac{2}{x^2} - \dfrac{3}{x^3} = 0$ (2) $\dfrac{-7x - 10}{x^2 - 4} - 2 = \dfrac{3x}{2 - x}$

(3) $\sqrt{x+1} - \sqrt{x-1} = 1$ (4) $\sqrt{x} = 2 - x$

4. 이차 방정식 $x^2 - 5x - 1 = 0$ 을 만족하는 x 에 대해 $x^2 + \dfrac{1}{x^2}$ 의 값은?

5. 분수방정식 $\dfrac{a}{2(x+1)} + 1 = \dfrac{2}{x^2 + x}$ 의 실근은 하나뿐이라고 합니다. 그 근의 값을 구하시오.

6. 무리방정식 $\sqrt{x-1} = kx$ 가 한 개의 실근을 가지기 위한 k 의 값을 모두 구하시오.

7. 다음 부등식들의 해를 구하시오.

(1) $x^4 > 16$ (2) $\dfrac{x^3 - 3x^2 + 3x - 1}{x+1} \le 0$

(3) $\sqrt{2-x} > x$ (4) $x^2 - 2|x| - 3 > 0$

8. 다음 부등식들을 증명하시오. (실수 범위)

(1) $a > 0$ 일 때, $a + \dfrac{1}{a} \ge 2$ (2) $a^2 + b^2 \ge ab + a + b - 1$

(3) $a_1 \ge a_2 , b_1 \ge b_2$ 일 때, $2(a_1 b_1 + a_2 b_2) \ge (a_1 + a_2)(b_1 + b_2)$

(4) $a + b + c \ge 0$ 일 때, $a^3 + b^3 + c^3 \ge 3abc$

메 모 장

3-3 좌표와 그래프

 직선의 그래프

▷ **선분의 내분점:** 좌표 평면 위의 두 점 (x_1, y_1)와 (x_2, y_2)에 대하여 두 점을 $m:n$으로 내분하는 점의 좌표는 $(\dfrac{mx_2 + nx_1}{m+n}, \dfrac{my_2 + ny_1}{m+n})$. ($x$좌표상의 $m:n$ 되는 점의 좌표:

$\dfrac{m}{m+n}(x_2 - x_1) + x_1 = \dfrac{mx_2 + nx_1}{m+n}$)

▷ **두 직선의 평행(parallel)과 수직(perpendicularity) 관계:** 두 직선 $y = a_1 x + b_1$와 $y = a_2 x + b_2$가 평행 조건은 $a_1 = a_2$ $(b_1 \neq b_2)$, 그리고 수직 조건은 $a_1 a_2 = -1$이다. (서로 수직이면, $1: a_1 = (-a_2):1$ → $a_1 a_2 = -1$)

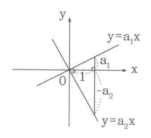

▷ **점과 직선 사이의 거리(distance):** 점 (x_1, y_1)와 직선 $a x + b y + c = 0$ 사이의 거리

$d = \dfrac{|ax_1 + by_1 + c|}{\sqrt{a^2 + b^2}}$ (점(x_1, y_1)에서 직선에 내린 수선의 발의 좌표를 구하려면,

$a x + b y + c = 0$와 $\dfrac{x_1 - x}{y_1 - y} \times \dfrac{-a}{b} = -1$의 연립방정식을 푼다.)

 원의 그래프

▷ **원의 방정식:** $x y$ 좌표상에서 중심이 점(a, b)이고 반지름이 r인 원의 방정식은 $(x - a)^2 + (y - b)^2 = r^2$ $(r > 0)$이다. 원점을 중심으로 하는 원의 위쪽 반원 식(함수)은 $y = \sqrt{r^2 - x^2}$, 아래쪽 반원 식은 $y = -\sqrt{r^2 - x^2}$.

▷ **원과 접선(tangent line)**

원 밖의 한 점 (x_1, y_1)에서 원 $(x - a)^2 + (y - b)^2 = r^2$에 그은 접선의

1) 길이: $\sqrt{(x_1 - a)^2 + (y_1 - b)^2 - r^2}$ (피타고라스 정리에 의해)

2) 원 $x^2 + y^2 = r^2$에 접하는 기울기 m인 직선의 식: $y = mx \pm r\sqrt{m^2 + 1}$

3) 원 $x^2 + y^2 = r^2$ 위의 점 (x_1, y_1)에 접하는 직선: $x_1 x + y_1 y = r^2$

▷ **교점(node)을 지나는 원:** 원 $x^2 + y^2 + a_1 x + b_1 y + c_1 = 0$와 원 혹은 직선의 식 $f(x, y) = 0$이 만나는 교점을 지나는 원의 식은 $x^2 + y^2 + a_1 x + b_1 y + c_1 + k f(x, y) = 0$이 된다. 예를 들어, 위 원과 직선 $a_2 x + b_2 y + c_2 = 0$과 만나는 교점을 지나는 원은 $x^2 + y^2 + a_1 + b_1 + c_1 + k(a_2 x + b_2 y + c_2) = 0$.

▷ **원의 내부(interior)/외부(exterior) 영역(area):** $x^2 + y^2 < r^2$ 의 영역은 원의 내부, $x^2 + y^2 > r^2$ 의 영역은 원의 외부 영역을 나타낸다.

함수의 변환

▷ **합성 함수(composite function):** 두 함수 $f : X \to Y$, $g : Y \to Z$에 대하여, X의 임의의 원소 x에 Z의 원소 $g(f(x))$를 대응시키는 함수를 f와 g의 합성함수라고 하며, $g \circ f$로 표시한다. 따라서 $g \circ f : X \to Z$이며 $g \circ f(x) = g(f(x))$이 된다. $g \circ f \neq f \circ g$ 이며, $f \circ (g \circ h) = (f \circ g) \circ h$가 성립한다. 예를 들어, $f(x) = 2x$, $g(x) = x^2 - 1$이라고 하면, $g \circ f(x) = g(f(x)) = (2x)^2 - 1 = 4x^2 - 1$.

▷ **역함수(inverse function):** 함수 $f : X \to Y$가 1:1대응이며, Y의 임의의 원소 y에 대해 $y = f(x)$를 만족하는 X의 원소 x를 대응시키는 함수를 f의 역함수 라고 하며, $f^{-1} : Y \to X$, $x = f^{-1}(y)$로 나타낸다. 그러면, $(f^{-1})^{-1} = f$, $\boxed{(g \circ f)^{-1} = f^{-1} \circ g^{-1}}$, $f^{-1} \circ f = f \circ f^{-1} = I$ (I는 항등함수. 즉, $I(x) = x$) 등의 성질이 있다. 또한 $y = f(x)$의 역함수를 구하려면, $x = f(y)$로 놓고 y를 x의 식으로 정리하면 된다. 예를 들면, $f(x) = 2x - 1$의 역함수는 $x = 2y - 1 \to y = \frac{1}{2}x + \frac{1}{2}$가 되므로 $f^{-1}(x) = \frac{1}{2}x + \frac{1}{2}$ 이 된다.

▷ **그래프의 이동:** $y = f(x)$의 그래프를 x축과 평행으로 a만큼, y축과 평행으로 b만큼 이동한 그래프의 식은 $y - b = f(x - a)$가 된다. 또한 $y = f(x)$를 x축을 대칭으로 이동하면 $y = -f(x)$, y축을 대칭으로 이동하면 $y = f(-x)$가 되며, 원점에 대해 점대칭 이동하면 $-y = f(-x)$. 또한 $y = x$ 직선에 대칭으로 이동하면 그 역함수 $x = f(y)$ 즉, $y = f^{-1}(x)$가 된다.

▷ **무리함수(irrational function)의 그래프:** $y = \sqrt{ax}$ 의 그래프를 그려보면,

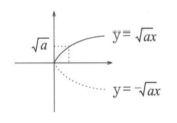

($a > 0$일 때)

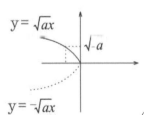

($a < 0$일 때)

확인 문제

1. 세 점 A(-2,-1), B(-4,2), C(4,1)를 잇는 삼각형ABC의 무게중심 좌표를 구하시오.

2. 다음 조건을 만족하는 직선의 방정식을 구하시오
(1) 점(1, 2)를 지나며, $y = 2x - 4$에 평행하는 직선
(2) 점(1, 2)를 지나며, $y = 2x - 4$에 수직하는 직선
(3) $y = 2x - 4$에 평행하며 $x^2 + y^2 = 1$에 접선이 되는 직선 두 개
(4) 원 $x^2 + y^2 = 5$ 위의 점(1, 2)를 접하는 직선

3. 좌표상에서 원점에서 다음까지의 거리를 구하시오
(1) 직선 $y = 3x - 5$
(2) 원점에서 원 $(x-2)^2 + y^2 = 1$에 그은 접선의 접점

4. 다음 원의 방정식을 구하시오
(1) 두 점 (1, 2)와 (5, -4)를 지름의 양 끝점으로 하는 원
(2) $x^2 + y^2 = 1$과 $(x-2)^2 + (y+1)^2 = 9$의 교점과 원점을 지나는 원

5. 부등식 $(x-1)^2 + y^2 < 4$와 $4x - y - 2 \langle 0$의 공통 영역을 나타내시오

6. 두 함수 $f(x) = 2x - 1$, $g(x) = -x + 4$, $h(x) = x^2 - 2$에 대하여 다음을 구하시오
(1) $(f \circ g)(x)$ (2) $(h \circ g)(x)$
(3) $f^{-1}(x)$ (4) $(f \circ g)^{-1}(x)$

7. 함수 $y = \sqrt{2x} - 1$의 그래프를 다음과 같이 이동한 식은?
(1) x축 방향으로 +3, y축 방향으로 -2만큼 평행이동
(2) y축을 기준으로 대칭 이동   (3) 원점을 기준으로 대칭 이동

8. 함수 $f : \mathbb{R} \rightarrow \mathbb{R}$ (R:실수 집합)가 $f(a+h) = f(a) + f(b)$를 만족한다고 할 때, 다음이 성립하는 이유를 보이시오.
(1) $f(0) = 0$ (2) $-f(x) = f(-x)$
(3) $f(a-b) = f(a) - f(b)$ (4) n : 자연수 $\rightarrow$ $f(na) = nf(a)$
(5) 원점에 대칭이다.   (6) 이런 함수는 무수히 많다.

메 모 장

3-4 정수의 성질

📡 10진법 자연수의 일반형

▷ **n 자리수 자연수:** 10진수 $\langle a_n a_{n-1} \ldots a_2 a_1 \rangle$ 의 대수적 표시법으로는 $a_n 10^{n-1} + a_{n-1} 10^{n-2} \ldots + a_2 10 + a_1$ 방식이 많이 쓰인다.

📡 배수 판정법

▷ **2의 배수:** 1의 자리 수가 짝수

▷ **3의 배수:** 각 자리의 수의 합이 3의 배수 ($10^k = (9+1)^k$ 임에 유의)

▷ **4의 배수:** 끝 두 자리 수가 00 또는 4의 배수

▷ **8의 배수:** 끝 세 자리 수가 000 또는 8의 배수

▷ **5의 배수:** 1의 자리 수가 0 또는 5로 끝나는 수

▷ **7의 배수:** N=$10M + a_1$ 라고 할 때, $M - 2a_1$ 가 7의 배수 (스펜스 방법)

($10M + a_1 = 7k$ → $M - 2a_1 = 21M - 14k$. 반대로, $M - 2a_1 = 7k$ → $10M + a_1 = 70k + 21a_1$ 임을 통해 증명)

▷ **9의 배수:** 각 자리의 수의 합이 9의 배수 ($10^k = (9+1)^k$ 임에 유의)

▷ **11의 배수:** (홀수 번째 자리의 수의 합) − (짝수 번째 자리의 수의 합)이 11의 배수

($10 = 11 - 1$, $100 = 99 + 1$, $1000 = 1001 - 1$, $10000 = 9999 + 1$, …)

📡 정수의 약수(divisor), 배수(multiple)

▷ **정수의 나눗셈 정리:** 임의의 정수 $n, m (\neq 0)$에 대하여 $n = mq + r$ ($0 \leq r < |m|$)이 되는 r이 하나 존재한다 (q, r은 $n \div m$의 몫과 나머지)

▷ **약수/배수 관계의 표시법:** b가 a로 나누어 떨어질 때 (즉, 나머지가 0) $a \mid b$라고 표시한다.

▷ **공약수/최대공약수의 조건:** 정수 a, b에 대해 $d \mid a$와 $d \mid h$이면, d는 a, h의 공약수이며, $d > 0$일 때 a, b의 임의의 공약수 m에 대해 $m \mid d$이면 d는 a, b의 최대공약수이며 $\gcd(a, b) = d$로 표시 (greatest common divisor)

▷ **공배수/최소공배수의 조건:** 정수 a, b에 대해 $a \mid d$와 $b \mid d$이면, d는 a, b의 공배수이며, $d > 0$일 때 a, b의 임의의 공배수 m에 대해 $d \mid m$이면 d는 a, b의 최소공배수이며 $\text{lcm}(a, b) = d$로 표시 (least common multiple)

▷ **연속된 자연수의 곱:** 연속된 n개의 자연수의 곱은 $n!$의 배수이다.

▷ **약수의 개수와 총합:** 자연수 $N = a^p b^q c^r$ 의 약수의 개수와 그 총합은 $(p+1)(q+1)(r+1)$ 와 $(1+a+a^2+...+a^p)\,(1+b+b^2+...+b^q)\,(1+c+c^2+...+c^r)$

정수의 합동(congruence)

▷ **정수의 합동이란?** 두 개의 정수 a, b에 대하여 $m \mid (a-b)$이면 $(m>0)$ a와 b는 m에 대하여 합동이라고 하며, $a \equiv b \pmod m$로 표시한다.

▷ **합동의 성질:**

1) $a \equiv a \pmod m$

2) $a \equiv b \pmod m$이면 $b \equiv a \pmod m$

3) $a \equiv b \pmod m$, $b \equiv c \pmod m$ → $a \equiv c \pmod m$

4) $a \equiv b \pmod m$ → $ca \equiv cb \pmod m$이고, $a^n \equiv b^n \pmod m$

▷ **페르마(Ferma)의 정리:** a가 정수이며, p가 소수(솟수)이고 $p \mid a$가 아닐 때, $a^{p-1} \equiv 1 \pmod p$가 성립한다.

▷ **오일러(Euler)의 정리:** 자연수 n에 대해 n보다 작으면서 n과 서로 소가 되는 자연수의 개수를 $\phi(n)$이라고 하면, n과 서로 소가 되는 a에 대하여, $a^{\phi(n)} \equiv 1 \pmod n$가 성립한다. 자연수 n이 $p_1^{n_1} p_2^{n_2} ... p_k^{n_k}$로 소인수분해되면, 다음 식이 성립.

$$\phi(n) = \phi(p_1^{n_1} p_2^{n_2} ... p_k^{n_k}) = (p_1^{n_1} - p_1^{n_1-1}) \cdots (p_k^{n_k} - p_k^{n_k-1}) = n(1 - \frac{1}{p_1}) \cdots (1 - \frac{1}{p_k})$$

수학적 귀납법(inductive method)

▷ **수학적 귀납법이란?** 모든 자연수 n에 대해 명제 p가 성립한다는 것을 증명하려면,

1) $n=1$일 때 p가 성립함을 보이고,

2) $n=k$일 때 이 명제가 성립한다고 가정한 후,

3) $n=k+1$일 때도 명제 p가 성립함을 보인다.

▷ **수학적 귀납법의 예:** $a, b \geq 0$이면 임의의 자연수 n에 대하여 $(a+b)^n \geq a^n + b^n$이 성립함을 수학적 귀납법을 써서 증명해보자.

1) $n=1$: $a+b \geq a+b$은 당연히 성립

2) $n=k$일 때 $(a+b)^k \geq a^k + b^k$라고 가정해보자.

3) $n=k+1$인 경우에 $(a+b)^{k+1} = (a+b)(a+b)^k \geq (a+b)(a^k + b^k) = a^{k+1} + b^{k+1} + ab^k + a^k b \geq a^{k+1} + b^{k+1}$ (조건에서 $a, b \geq 0$), 따라서 $(a+b)^{k+1} \geq a^{k+1} + b^{k+1}$도 성립됨을 알 수 있다. 그러므로 모든 자연수 n에 대해 $(a+b)^n \geq a^n + b^n$이 성립됨이 증명.)

1. 다음 중 잘 못 된 것은? … (   )
① 123456은 12의 배수이다.   ② 98765432는 4의 배수이다.
③ 11111은 11의 배수이다.   ④ 135797575은 25의 배수이다.

2. 자연수 22486415가 7의 배수인지 아닌지 판별하시오

3. 어떤 두 자리 이상의 자연수에 대해 10의 자리 수와 1의 자리 수를 맞바꾼 수와 원래 수와의 차이 값은 9의 배수임을 증명하시오.

4. 1800의 약수들은 모두 몇 개이며, 그 약수들을 모두 합하면 얼마가 될까요?

5. 자연수 x, y 에 대하여 $x^2 = 63000y$ 가 성립하는 가장 작은 자연수 x, y 값을 구하시오.

6. 다음 나눗셈들의 나머지를 구하시오.
(1) $12343 \div 3$ (2) $3^{123} \div 8$
(3) $321^{12} \div 13$ (4) $1212^{123} \div 11$

7. 양의 정수 a, b 가 서로 소 (최대공약수가 1)일 때 c 가 a 의 약수이면 b 와 c 도 서로 소임을 증명하시오.

8. 연속하는 두 자연수의 합이 완전제곱수일 때 그 연속하는 자연수 중 작은 수가 4의 배수임을 보이시오.

9. 자연수 x^2 이 n 의 배수이면 x 도 반드시 n 의 배수가 된다고 할 때, n 이 될 수 없는 것은?
① 2   ② 3
③ 4   ④ 5

10. $1^2 + 2^2 + 3^2 + \cdots + n^2 = \dfrac{1}{6}n(n+1)(2n+1)$ 이 됨을 수학적 귀납법을 써서 증명해 보시오.

메 모 장

3-5 수열

🪐 수열(sequences)의 개념

▷ **수열이란?** 일정한 규칙에 의하여 순서대로 나열된 수의 열을 수열이라 하며, 각 수를 그 수열의 항이라고 한다. 예를 들어, 1부터 2씩 계속 늘어가는 수열은 1, 3, 5, 7, 9, ….가 된다.

▷ **일반항(general term):** 어떤 수열을 a_1, a_2, a_3,…… 로 표현할 때, a_1은 첫째 항(초항)이며 n번째 항은 a_n으로 나타내며, 이 제n항을 일반항이라고 한다. 위 예의 수열의 일반항 $a_n = 2n - 1$이 된다.

🪐 등차수열 (arithmetic sequences)

▷ **등차수열이란?** 각 항 사이에 일정한 차이(공차 common difference)가 있는 수열을 등차수열이라고 한다. 초항이 a_1이고 각 항 사이의 차이를 d라고 할 때, 그 등차수열의 일반항은 $\boxed{a_n = a_1 + (n-1)d}$ 가 된다.

▷ **조화수열(harmonic sequences):** 각 항의 분자, 분모를 뒤바꾼 역수들끼리 등차수열을 이룰 때, 원래의 수열을 조화수열이라고 한다.

🪐 등비수열 (geometric sequences)

▷ **등비수열이란?** 차례로 어떤 일정한 수를 곱해 나가는 수열, 즉 각 항과 그 다음 항 사이에 일정한 비(공비 common ratio)를 가지는 수열을 등비수열이라고 한다.

예를 들어 1, 2, 4, 8, 16, … 는 초항인 1로부터 계속 2씩 곱해 나가는 등비수열이며, 그 공비는 2이고, 일반항은 $a_1 = 2^{n-1}$이다.

초항을 a_1, 공비를 r이라고 할 때, 그 등비수열의 일반항은 $\boxed{a_n = a_1 r^{n-1}}$

🪐 수열의 합 (series)

▷ **등차수열의 합:** 초항이 a, 공차가 d이고 제n항이 l인 등차수열의 초항부터 n항까지의 합은 $S_n = \dfrac{1}{2}n(a+l)$이 된다.

여기서 $l = a + (n-1)d$로 등차수열의 합 $S_n = \boxed{\dfrac{1}{2}n\{2a + (n-1)d\}}$

▷ **등비수열의 합**: 초항이 a, 공비가 r인 등비수열의 초항부터 n항까지의 합은 r이 1일 때는 $S_n = n a$, r이 1이 아닐 때는 $S_n = \boxed{\dfrac{a(r^n - 1)}{r - 1}}$이다.

($S_n = a + ar + ar^2 + ar^3 + \ldots + ar^{n-1}$, $r S_n = ar + ar^2 + \ldots + ar^{n-1} + ar^n$

따라서 $r S_n - S_n = (r - 1) S_n = ar^n - a$이 되기 때문)

▷ **합의 기호**: 수열 $\{a_n\}$의 초항부터 n항까지의 합을 Σ (시그마 sigma) 기호를 써서

$\displaystyle\sum_{k=1}^{n} a_k$ 로 표시한다. 이 Σ에는 다음과 같은 성질이 있다.

1) $\displaystyle\sum_{k=1}^{n}(a_k \pm b_k) = \sum_{k=1}^{n} a_k \pm \sum_{k=1}^{n} b_k$ 2) $\displaystyle\sum_{k=1}^{n} ca_k = c\sum_{k=1}^{n} a_k$ (c 는 상수)

▷ **거듭제곱의 합의 공식**:

1) $\displaystyle\sum_{k=1}^{n} k = \frac{n(n+1)}{2}$ 2) $\displaystyle\sum_{k=1}^{n} k^2 = \frac{n(n+1)(2n+1)}{6}$ 3) $\displaystyle\sum_{k=1}^{n} k^3 = \{\frac{n(n+1)}{2}\}^2$

(위의 2), 3)은 $(k+1)^3 - k^3 = 3k^2 + 3k + 1$, $(k+1)^4 - k^4 = 4k^3 + 6k^2 + 4k + 1$ 양변에 $\displaystyle\sum_{k=1}^{n}$

를 붙여서 정리하면 결과를 얻는다.)

▷ **분수식의 수열의 합**:

1) $\displaystyle\sum_{k=1}^{n} \frac{1}{k(k+1)} = \sum_{k=1}^{n}(\frac{1}{k} - \frac{1}{k+1}) = 1 - \frac{1}{n+1} = \frac{n}{n+1}$

2) $\displaystyle\sum_{k=1}^{n} \frac{1}{k(k+1)(k+2)} = \frac{1}{2}\sum_{k=1}^{n}\{\frac{1}{k(k+1)} - \frac{1}{(k+1)(k+2)}\} = \frac{1}{4} - \frac{1}{2(n+1)(n+2)}$

🪐 계차수열 (difference sequences)

▷ **계차수열이란?** 수열 $\{a_n\}$에 대하여 각 항의 차이 즉, $b_n = a_{n+1} - a_n$로 이루어지는 수열 $\{b_n\}$을 $\{a_n\}$의 계차수열이라고 한다. 예를 들어, 1, 2, 4, 7, 11, … 의 계차수열은 1, 2, 3, 4, 5, …가 된다. 원래 수열과 계차수열과의 관계로 $\boxed{a_n = a_1 + \displaystyle\sum_{k=1}^{n-1} b_k}$ ($n \geq 2$)이 성립한다. 따라서

이 예의 경우, $a_n = a_1 + \displaystyle\sum_{k=1}^{n-1} b_k = 1 + \frac{1}{2}n(n-1) = \frac{1}{2}n^2 - \frac{1}{2}n + 1$이 된다.

🪐 점화식 (recurrence relation)의 일반항 구하기

▷ $a_{n+1} = a_n + f(n)$ **형**: n에 $1, 2, \cdots, (n-1)$을 대입한 후 변끼리 더한다.

▷ $a_{n+1} = f(n) a_n$ **형**: n에 $1, 2, \cdots, (n-1)$을 대입한 후 변끼리 곱한다.

▷ $a_{n+1} = p a_n + q$ **형**: $a_{n+1} + k = p(a_n + k)$로 변형

▷ $p a_{n+1} + q a_{n+1} + r a_n = 0$형 (단, $p + q + r = 0$): $a_{n+2} - a_{n+1} = k(a_{n+1} - a_n)$로 변형

확인 문제

1. 다음 각 수열의 일반항과 초항부터 n항까지의 합을 구하시오.

(1) 초항이 3이고 공차가 2인 등차수열

(2) 제3항이 5, 제7항이 13인 등차수열

(3) 초항이 3이고 공비가 2인 등비수열

(4) 초항이 3이고 그 계차수열이 1, 2, 3, 4, …인 수열

2. 초항이 3이고 각 항의 역수들이 공차가 $-\dfrac{2}{3}$인 등차수열을 이루는 조화수열의 일반항을 구하시오.

3. $\dfrac{1}{24}$, $\dfrac{1}{4}$의 사이에 네 개의 수가 들어가 조화수열을 이룬다고 할 때, 그 네 개의 수를 구하시오.

4. 첫 항부터 제3항까지의 합이 26, 첫 항부터 제6항까지의 합이 728인 등비수열의 일반항을 구하시오.

5. 다음 수열의 초항부터 n항까지의 합을 구하시오.

(1) $\dfrac{1}{1\cdot3}+\dfrac{1}{2\cdot4}+\dfrac{1}{3\cdot5}+\cdots.$

(2) $1\cdot2\cdot3+2\cdot3\cdot4+3\cdot4\cdot5+\cdots\cdots$

(3) $\dfrac{1}{1\cdot2\cdot3}+\dfrac{1}{2\cdot3\cdot4}+\dfrac{1}{3\cdot4\cdot5}+\cdots.$

6. $\displaystyle\sum_{k=1}^{n}(1+2k+3k^2)$을 구하시오.

7. 수열 1, 1, 2, 1, 2, 3, 1, 2, 3, 4, …의 30번째 항의 값은?

8. 피보나치수열 1, 1, 2, 3, 5, 8, 13, …의 일반항을 a_n, 초항부터 n항까지의 합을 S_n이라고 할 때, $S_n = a_{n+2}-1$이 성립함을 보이시오.

9. $a_{n+1}=a_n+2n$ (초항은 1)일 때 초항부터 n항까지의 합을 구하시오.

메 모 장

3-6 행렬

 행렬(matrix)과 연산 정의

▷ **행렬의 정의** : 수나 문자들을 일정한 개수의 가로 행(row)과 세로 열(column)로 (직사각형 모양)으로 나열하여 전체를 괄호로 묶어 표시한 것을 행렬이라고 부른다. 행의 수가 m, 열의 수가 n인 행렬을 $m \times n$행렬이라고 한다. 또한 i행, j열의 성분(component)을 a_{ij}로 표시하며, 전체 행렬을 (a_{ij})로 표현하기도 한다. 예를 들어, $\begin{pmatrix} 1 & -2 & 3 \\ -4 & 5 & -6 \end{pmatrix}$ 은 2×3행렬이며, $a_{12} = -2$가 된다.

▷ **행렬의 덧셈/뺄셈 정의** : 같은 꼴의 두 행렬인 $A = (a_{ij})$, $B = (b_{ij})$의 합과 차는 각 성분의 합과 차를 성분으로 하는 행렬로 정의된다. $A \pm B = (a_{ij} \pm b_{ij})$. 또한 행렬 $A = (a_{ij})$의 n배 (실수배)는 각 성분들을 n배를 한 $nA = (n a_{ij})$로 정의된다. 모든 성분이 0인 행렬은 영행렬이라 하며, $A + 0 = 0 + A = A$.

▷ **행렬의 곱셈 정의** : $m \times n$행렬 $A = (a_{ij})$과 $n \times s$ 행렬 $B = (b_{ij})$의 곱 $A \times B$은 $m \times s$ 행렬로 $AB = (c_{ij})$ (여기서 $c_{ij} = \sum_{k=1}^{n} a_{ik} b_{kj}$)로 정의된다.

예를 들어, $\begin{pmatrix} -1 & -2 & -3 \\ -4 & -5 & -6 \end{pmatrix} \begin{pmatrix} 1 & 2 \\ 3 & 4 \\ 5 & 6 \end{pmatrix}$ 는 2×3행렬과 3×2행렬의 곱으로

$\begin{pmatrix} -1 \times 1 + (-2) \times 3 + (-3) \times 5 & -1 \times 2 + (-2) \times 4 + (-3) \times 6 \\ -4 \times 1 + (-5) \times 3 + (-6) \times 5 & -4 \times 2 + (-5) \times 4 + (-6) \times 6 \end{pmatrix} = \begin{pmatrix} -22 & -28 \\ -49 & -64 \end{pmatrix}$.

그런데 $\underline{AB = 0 \to A = 0 \text{ 또는 } B = 0 \text{는 성립하지 않음}}$에 주의할 것.

예를 들면, $\begin{pmatrix} 1 & -1 \\ 0 & 0 \end{pmatrix} \begin{pmatrix} 1 & 0 \\ 1 & 0 \end{pmatrix} = \begin{pmatrix} 0 & 0 \\ 0 & 0 \end{pmatrix}$, $\begin{pmatrix} 0 & 1 \\ 0 & 0 \end{pmatrix}^2 = \begin{pmatrix} 0 & 0 \\ 0 & 0 \end{pmatrix}$.

▷ **단위 행렬** : 임의의 $n \times n$행렬(n차 정사각행렬) A에 대하여 $AE = EA = A$를 만족시키는 n차 정사각행렬 E를 단위행렬이라고 한다. $E = (a_{ij})$에서 $i = j$이면 $a_{ij} = 1$, $i \neq j$이면 0이 되는 행렬이 곧 단위행렬.

 행렬의 연산 법칙들

▷ **행렬 A,B,C의 덧셈 법칙들** : $A + B = B + A$. $(A + B) + C = A + (B + C)$
▷ **행렬의 실수배 법칙들** : $1A = A$. $0A = 0$(영행렬). $k(lA) = klA = l(kA)$. $k(A + B) = kA + kB$. $k(AB) = (kA)B = A(kB)$
▷ **행렬의 곱셈 법칙들** : $(AB)C = A(BC)$. $A(B + C) = AB + AC$. $(A + B)C = AC + BC$.

단, AB=BA(곱셈의 교환법칙)가 항상 성립하지는 않음에 주의.

▷ **케일리-해밀턴 정리** : $A=\begin{pmatrix} a & b \\ c & d \end{pmatrix}$ → $A^2 - (a+d)A + (ad-bc)E = 0$ (E:단위

행렬) 단, 이 정리의 역은 성립하지 않는다.

역행렬(inverse matrix)

▷ **역행렬의 정의** : 정사각행렬 A에 대하여 AX=XA=E(E는 단위행렬)을 만족시키는 행렬 X를 A의 역행렬이라고 하며 A^{-1}로 표시한다.

$A=\begin{pmatrix} a & b \\ c & d \end{pmatrix}$의 경우, 곱한 결과가 2차 단위행렬 $\begin{pmatrix} 1 & 0 \\ 0 & 1 \end{pmatrix}$이 되려면,

$$\boxed{A^{-1} = \frac{1}{ad-bc}\begin{pmatrix} d & -b \\ -c & a \end{pmatrix}} \cdot (\begin{pmatrix} a & b \\ c & d \end{pmatrix}\begin{pmatrix} x & y \\ z & w \end{pmatrix} = \begin{pmatrix} 1 & 0 \\ 0 & 1 \end{pmatrix}$$을 풀면 나온다.)

$ad-bc$의 값을 A의 **행렬식**(determinant)라고 하며 |A| 또는 Det(A)로 표시하는 데, $|A| = ad-bc = 0$이면, 역행렬이 존재하지 않는다.

▷ **역행렬의 성질** : A의 역행렬이 존재할 때,

1) $(A^{-1})^{-1} = A$ 2) $(AB)^{-1} = B^{-1}A^{-1}$ (AB의 역행렬 존재 ↔ A,B의 역행렬 존재)

3) AX=B → $X = A^{-1}B$.   XA=B → $X = BA^{-1}$

▷ **연립방정식 해법에 활용** : $ax+by=m$, $cx+dy=n$의 해를 구하려면,

$$\begin{pmatrix} a & b \\ c & d \end{pmatrix}\begin{pmatrix} x \\ y \end{pmatrix} = \begin{pmatrix} m \\ n \end{pmatrix} → \begin{pmatrix} a & b \\ c & d \end{pmatrix}^{-1}(\begin{pmatrix} a & b \\ c & d \end{pmatrix}\begin{pmatrix} x \\ y \end{pmatrix}) = \begin{pmatrix} a & b \\ c & d \end{pmatrix}^{-1}\begin{pmatrix} m \\ n \end{pmatrix}$$

$$→ \begin{pmatrix} 1 & 0 \\ 0 & 1 \end{pmatrix}\begin{pmatrix} x \\ y \end{pmatrix} = \begin{pmatrix} a & b \\ c & d \end{pmatrix}^{-1}\begin{pmatrix} m \\ n \end{pmatrix}.$$ 좌변 $= \begin{pmatrix} x \\ y \end{pmatrix}$이므로 우변을 계산하면

해법을 얻을 수 있다. (단, $ad-bc = 0$일 때는 해가 없거나 무수)

▷ **3차 정사각행렬의 역행렬** : 3×3행렬 $A=(a_{ij})$의 경우 Det(A)=

$a_{11}Det(A_{11}) - a_{12}Det(A_{12}) + a_{13}Det(A_{13})$로 정의된다, (여기서 A_{ij}란 i행과 j열의 성분들을 뺀 2×2 행렬을 표시). 이제 그 역행렬은 $A^{-1} = (b_{ij})$

(여기서 $b_{ij} = \frac{(-1)^{i+j}Det(A_{ji})}{Det(A)}$)

113

확인 문제

1. 다음 행렬을 계산 하시오.

1) $\begin{pmatrix} 1 & 2 \\ 3 & 4 \end{pmatrix} + \begin{pmatrix} -2 & 1 \\ 3 & -1 \end{pmatrix} =$ 2) $\begin{pmatrix} 1 & 2 \\ 3 & 4 \end{pmatrix} \begin{pmatrix} -1 \\ 2 \end{pmatrix} =$

3) $\begin{pmatrix} 1 & 2 \\ 3 & 4 \end{pmatrix} \begin{pmatrix} 1 & 0 \\ 0 & 1 \end{pmatrix} =$ 4) $\begin{pmatrix} -1 & 2 & -3 \\ 4 & -5 & 6 \end{pmatrix} \begin{pmatrix} 1 & -1 \\ 3 & -2 \\ 2 & -1 \end{pmatrix} =$

2. A, B, C가 2×2행렬이고 k는 실수일 때, 다음 중 잘못된 것은? … (   )

① A+B=B+A   ② (AB)C=A(BC)

③ (A+B)(A−B)=A²−B²   ④ (k A)B=A(k B)

3. 다음 행렬의 행렬식(determinant) 값을 구하시오.

1) $\begin{pmatrix} 1 & 2 \\ 3 & 4 \end{pmatrix}$ 2) $\begin{pmatrix} 1 & 2 & -3 \\ 2 & 0 & -2 \\ 3 & 1 & -1 \end{pmatrix}$

4. 다음 식이 성립할 때 x의 값을 구하시오.

$\begin{pmatrix} 1 & -2 \\ -1 & 3 \end{pmatrix}^{-1} = x \begin{pmatrix} 6 & 4 \\ 2 & 2 \end{pmatrix}$

5. 연립방정식 $2x-3y=-1$, $x+2y=5$에 대하여 다음 질문에 답하시오.

1) 이 연립방정식을 행렬을 이용하여 표현하시오.

2) 역행렬의 성질을 이용하여 이 연립방정식을 푸시오.

6. 평면좌표 위의 한 점을 원점을 기준으로 각 θ 만큼 시계 방향으로 회전 이동 시킨 점의 좌표는 $(x, y) \begin{pmatrix} \cos\theta & -\sin\theta \\ \sin\theta & \cos\theta \end{pmatrix}$ 로 계산이 된다. 그럼, 점$(1, 2)$를 반시계 방향으로 $60°$ 회전이동 시킨 점의 좌표는?

7. 다음 명제들의 참, 거짓을 구분하시오.

1) "A가 영행렬이 아니고 $A^2 = A$이면 A는 단위행렬이다."

2) "$A^3 = A$이고, A의 역행렬이 존재하면, A는 단위행렬이다."

3) "$A^2 + A - E = 0$이면, A는 역행렬을 갖는다."

8. $A = \begin{pmatrix} 3 & 2 \\ 1 & 1 \end{pmatrix}$에 대하여, $A^5 - 4A^4 + A^3 + A^2 - 3A$의 모든 성분의 합을 구하시오.

메 모 장

3-7 지수/로그/삼각함수

 ## 지수 법칙(law of exponents)의 확장

▷ **거듭제곱근(radical root)이란?** $a=x^n$ 일 때, x는 a의 n제곱근(n-th square) 이라고 한다. n이 짝수일 경우, 양수 근을 $\sqrt[n]{a}$으로 표시하며 $\sqrt[n]{a}, -\sqrt[n]{a}$ 두 개가 a의 n제곱근이 된다. n이 홀수일 경우, a가 음수이면 $\sqrt[n]{a}$도 음수이다.

▷ **거듭제곱근의 성질:** $a, b > 0$이고 m, n이 자연수일 때,

1) $\sqrt[n]{a}\ \sqrt[n]{b} = \sqrt[n]{ab}$

2) $\dfrac{\sqrt[n]{a}}{\sqrt[n]{b}} = \sqrt[n]{\dfrac{a}{b}}$

3) $(\sqrt[n]{a})^m = \sqrt[n]{a^m}$

4) $\sqrt[m]{\sqrt[n]{a}} = \sqrt[n]{\sqrt[m]{a}} = \sqrt[mn]{a}$

▷ **지수(exponent)의 확장 정의:** $a > 0$, m, n이 자연수일 때,

1) $a^0 = 1$

2) $a^{-n} = \dfrac{1}{a^n}$

3) $a^{\frac{m}{n}} = \sqrt[n]{a^m}$ 로 정의한다.

▷ **지수의 확장 법칙:** $a > 0$이고 m, n이 실수 일 때,

1) $a^m\, a^n = a^{m+n}$

2) $a^m \div a^n = a^{m-n}$

3) $(a^m)^n = a^{mn}$

 ## 로그함수(logarithm function)

▷ **로그의 정의:** a가 1이 아닌 양수일 때, $a^x = N(>0)$이라면, 이를 만족시키는 x는 하나가 존재하며, x는 a를 밑으로 하는 N의 로그(logarithm of N to the base a)라고 부르며 $\boxed{x = \log_a N}$로 표시. 로그 함수 $y = \log_a x\,(x = a^y)$는 지수함수 $y = a^x$와 서로 역함수 관계. 예를 들면 $\log_2 8 = 3\ (2^3 = 8)$.

▷ **로그의 성질:** a, b가 1이 아닌 양수이고, $x, y > 0$일 때,

1) $\log_a 1 = 0$

2) $\log_a a = 1$

3) $\log_a xy = \log_a x + \log_a y$

4) $\log_a \dfrac{x}{y} = \log_a x - \log_a y$

5) $\log_a x^n = n\ \log_a x$

6) $\log_a b = \dfrac{1}{\log_b a}$

7) $\log_a x = \dfrac{\log_b x}{\log_b a}$

(한 예로 위의 3)을 증명해보자면, $t = \log_a x$, $s = \log_a y$라고 할 때,

$x = a^t$, $y = a^s$ → $xy = a^t a^s = a^{t+s}$ → $\log_a xy = t + s = \log_a x + \log_a y$)

▷ **상용로그:** 10을 밑으로 하는 로그 즉, $\log_{10} N$를 상용로그라고 하며 그냥 $\log N$으로 표시하기도 한다. $\log N = n + \alpha$ (n:정수, $0 \le \alpha < 1$)로 나타낼 때 n을 지표, α 부분을 가수라고 한다. 예를 들면, $\log 2000 = \log(10^3 \times 2) = 3 + \log 2 = 3.301$에서 지

116

표는 3이고 가수는 0.301이다. logN의 지표가 $n(>0)$이면 N은 $n+1$자리수라는 것을 알 수 있다. 반면, log0.002=log($10^{-3} \times 2$)=$-3+0.301(=-2.699)$에서 지표는 -3이고 가수는 0.301이 된다. (가수는 항상 0이상 1미만임에 유의.)

🪐 삼각함수 (trigonometric function)

▷**호도법(circular measure)이란?** 반지름이 r인 원의 호(arc)의 길이도 r이 되는 중심각의 크기를 1 라디안(radian)이라고 한다.

$2\pi r : r = 360° : x$ → $x = \dfrac{180}{\pi}°$(약 57°)=1 라디안. 이 라디안으로 각의 크기를 나타내는 것을 호도법이라고 한다. 이 때 일반적으로 호의 길이는 반지름×중심각(라디안)의 관계가 성립하게 된다. 또한, $x° = \dfrac{\pi}{180}x$라디안이며, x라디안 $= \dfrac{180}{\pi}x°$임에 유의할 것.

▷ **삼각함수의 확장 정의:** xy좌표 상에서 원의 중심이 원점을 지나는 반지름 1인 원 $x^2 + y^2 = 1$의 그래프를 생각해보자. 처음 원 위의 좌표 (1, 0)에서 점 P가 출발하여 반시계 방향으로 원의 궤도를 따라 이동한다고 할 때, 원의 중심 O와 P를 연결한 선분이 x축의 양의 방향과 이루는 각을 θ (라디안)라고 하면, $\sin\theta = (y$좌표값$)$, $\cos\theta = (x$좌표값$)$으로 정의를 내릴 수 있다. 그러면, 모든 실수 x에 대해 $y = \sin x$, $y = \cos x$ 같은 삼각함수가 정의된다.

($\tan\theta = \dfrac{\sin\theta}{\cos\theta}$, $\operatorname{cosec}\theta = \csc\theta = \dfrac{1}{\sin\theta}$, $\sec\theta = \dfrac{1}{\cos\theta}$, $\cot\theta = \dfrac{\cos\theta}{\sin\theta}$ 로 정의)

▷**삼각함수 사이의 관계들:** $\sin^2\theta + \cos^2\theta = 1$. $1 + \tan^2\theta = \sec^2\theta$. $1 + \cot^2\theta = \operatorname{cosec}^2\theta$. $\sin(\theta \pm 2n\pi) = \sin\theta$. $\cos(\theta \pm 2n\pi) = \cos\theta$. $\sin(-\theta) = -\sin\theta$. $\cos(-\theta) = \cos\theta$. $\sin(\theta \pm \pi) = -\sin\theta$, $\cos(\theta \pm \pi) = -\cos\theta$. $\sin(\dfrac{\pi}{2} - \theta) = \cos\theta$, $\cos(\dfrac{\pi}{2} - \theta) = \sin\theta$

▷**사인 법칙:** $\triangle ABC$에서 $\angle A$, $\angle B$, $\angle C$의 마주보는 변의 길이를 각각 a, b, c 라고 할 때, $\boxed{\dfrac{a}{\sin A} = \dfrac{b}{\sin B} = \dfrac{c}{\sin C}}$ (=2R: 외접원 지름)가 성립.

▷**코사인 제 1법칙:** $\triangle ABC$에서 $a = b\cos C + c\cos B$

▷**코사인 제 2법칙:** $\triangle ABC$에서 $a^2 = b^2 + c^2 - 2bc\cos A$ 또는 $\boxed{\cos A = \dfrac{b^2 + c^2 - a^2}{2bc}}$

(코사인 제 1법칙 세 식을 연립으로 풀어 유도)

▷**삼각함수의 덧셈/뺄셈 정리를 이용한 공식들:**
$\boxed{\sin(A \pm B) = \sin A\cos B \pm \cos A\sin B. \quad \cos(A \pm B) = \cos A\cos B \mp \sin A\sin B}$
$\sin(2A) = 2\sin A\cos A$, $\cos(2A) = \cos^2 A - \sin^2 A = 2\cos^2 A - 1 = 1 - 2\sin^2 A$

$|\sin(\dfrac{A}{2})| = \sqrt{\dfrac{1 - \cos A}{2}}$, $|\cos(\dfrac{A}{2})| = \sqrt{\dfrac{1 + \cos A}{2}}$

확인 문제

1. 다음 값을 구하시오.

(1) $\sqrt[3]{27} =$ (2) $(\sqrt[4]{36})^2 =$ (3) $\sqrt{\sqrt[4]{256}} =$

(4) $2^{\sqrt{5}} \times 2^{\sqrt{20}} =$ (5) $3^{\frac{3}{2}} \times 3^{-\frac{5}{2}} =$ (6) $(8^{\sqrt{3}} + 9^{\sqrt{2}})(8^{\sqrt{3}} - 9^{\sqrt{2}})$

2. 다음 로그값을 구하시오.

(1) $\log_3 27 =$ (2) $\log_8 2 =$ (3) $\log_3 \sqrt{3} + \log_3 \sqrt{27} =$

(4) $\log_3 5 \log_5 2 \log_2 9 =$ (5) $3\log_3 5 - \log_3 5^2 =$

3. 어느 세균은 2시간마다 2배로 늘어난다. 그 세균 100마리를 배양할 때, 그

세균의 수가 1억 마리보다 많아지는 것은 몇 시간 후부터인가? ($\log_{10} 2 = 0.3010$)

4. 각 $\theta = \dfrac{\pi}{3}$(라디안)일 때, 다음 값을 구하시오.

(1) $\sin\theta =$ (2) $\cos\theta =$ (3) $\tan\theta =$ (4) $\cot\theta =$

(5) $\sec\theta =$ (6) $\csc\theta =$ (7) $\cos2\theta =$ (8) $\sin3\theta =$

(9) $\sin(-2\theta) =$ (10) $\tan8\theta =$

5. $\sin^2 1° + \sin^2 2° + \sin^2 3° + \sin^2 4° + \cdots + \sin^2 89° + \sin^2 90°$의 값은?

6. $\triangle ABC$에서 $\angle A, \angle B, \angle C$ 의 마주보는 변의 길이를 각각 $2, \sqrt{6}, \sqrt{3}+1$ 이라고 할 때, 삼각형의 코사인 법칙을 이용하여 $\angle B$의 크기를 구하시오.

7. 삼각함수의 덧셈정리를 이용하여 다음 값을 구하시오.

(1) $\sin 75° =$ (2) $\cos 15° =$

8. $\sin\theta = \dfrac{3}{5}$ ($0° < \theta < 90°$)일 때, 다음 값을 구하시오.

(1) $\cos\theta =$ (2) $\sin2\theta =$ (3) $\tan\dfrac{\theta}{2} =$

9. 다음 삼각방정식을 모든 실수 범위에서 푸시오.

(1) $1 - 4\cos^2 x = 0$ (2) $\sin2x = \cos x$

(3) $\cos^2 x - \cos x - 2 = 0$ (4) $\sin x = 1 - \cos x$

10. $y = 3\cos^2 x + 3\cos x + 6$의 최대값과 최소값은?

메 모 장

3-8 미분법 기초

🪐 함수의 극한(limit)

▷ **수렴과 극한** : 함수 $f(x)$에 대해, x가 어떤 값 a에 한없이 가까워질 때, $f(x)$도 어떤 값 b에 한없이 가까워지면 $f(x)$는 b에 수렴(converge)한다고 하며, b를 $f(x)$의 극한(값)이라고 한다. 즉, $x \to a$ 일 때 $f(x) \to b$로 나타내거나, $\lim\limits_{x \to a} f(x) = b$ 로 표시한다. 예를 들면, $\lim\limits_{x \to 1}(2x+1) = 3$인데, x가 1에 무한히 가까워질 때, $2x+1$은 3에 가까워지기 때문이다.

한 가지 예를 더 들면, x가 무한히 커질 때($x \to \infty$), $f(x) = \dfrac{2x-1}{x}$는?

$\lim\limits_{x \to \infty}(\dfrac{2x-1}{x}) = \lim\limits_{x \to \infty}(2 - \dfrac{1}{x}) = 2$가 된다($x \to \infty$일 때, $\dfrac{1}{x} \to 0$)

▷ **발산** : 함수 $f(x)$에 대해, x가 어떤 값 a에 한없이 가까워질 때, $f(x)$가 일정한 값에 접근하지 않거나 무한대에 가까워지면 $f(x)$는 발산(diverge)한다고 한다. 예를 들면, $x \to 0$일 때 $\dfrac{1}{x^2} \to \infty$(발산)이며, $\lim\limits_{x \to 0}(\dfrac{1}{x^2}) = \infty$로 표시

▷ **극한의 성질 (k:상수)**

1) $\lim\limits_{x \to a} k \cdot f(x) = k \cdot \lim\limits_{x \to a} f(x)$, $\lim\limits_{x \to a}\{f(x) \pm g(x)\} = \lim\limits_{x \to a} f(x) \pm \lim\limits_{x \to a} g(x)$

2) $\lim\limits_{x \to a}\{f(x) \cdot g(x)\} = \lim\limits_{x \to a} f(x) \cdot \lim\limits_{x \to a} g(x)$

3) $\lim\limits_{x \to a} \dfrac{f(x)}{g(x)} = \dfrac{\lim\limits_{x \to a} f(x)}{\lim\limits_{x \to a} g(x)}$ (단, $g(x)$나 $\lim\limits_{x \to a} g(x)$가 0이 아닐 때)

🪐 함수의 미분(differentiation)

▷ **미분계수(differential coefficient)** : 함수 $y = f(x)$에 대하여, x값이 a에서 h만큼 더 커져 $(a+h)$가 될 때. $f(x)$값의 변화는 $f(a+h) - f(a)$이 된다.

이 때 x값의 변화에 대한 $f(x)$값의 변화율은 $\dfrac{f(a+h) - f(a)}{h}$이 되며,

$\lim\limits_{h \to 0} \dfrac{f(a+h) - f(a)}{h}$의 값을 $f(x)$의 $x = a$에서의 순간 변화율(instant rate of change) 또는 미분계수라고 하며, $f'(a)$로 표시 (접선의 기울기와 동일)

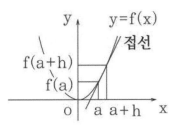

▷ **도함수(derived function, derivative)** : 임의의 x점에서의 미분계수

$\lim_{h \to 0} \dfrac{f(x+h)-f(x)}{h}$ 를 y의 도함수라고 하며 y', $f'(x)$, $\dfrac{dy}{dx}$ 등과 같이 표시.

예를 들어, $y = f(x) = x^2$의 도함수를 구해보면

$\lim_{h \to 0} \dfrac{f(x+h)-f(x)}{h} = \lim_{h \to 0} \dfrac{(x+h)^2 - x^2}{h} = \lim_{h \to 0} \dfrac{2hx + h^2}{h} = \lim_{h \to 0}(2x+h) = 2x$ 이므로

$y' = f'(x) = 2x$.

이렇게 도함수를 구하는 것을 그 함수를 미분(differentiate)한다고 한다.

▷ **도함수의 성질**

1) k가 상수일 때, $f(x) = k$라면, $f'(x) = 0$

2) $\boxed{f(x) = x^n \text{일 때}, \ f'(x) = n x^{n-1}}$ (단, n은 자연수)

($\lim_{h \to 0} \dfrac{(x+h)^n - x^n}{h} = \lim_{h \to 0} \dfrac{(x+h-x)\{(x+h)^{n-1} + ... + (x+h)x^{n-1} + x^{n-1}\}}{h} =$

$\lim_{h \to 0}\{(x+h)^{n-1} + (x+h)^{n-2}x + ... + (x+h)x^{n-2} + x^{n-1}\} = n x^{n-1}$)

3) k가 상수이면, $\{k \cdot f(x)\}' = k \cdot f'(x)$, $\{f(x) \pm g(x)\}' = f'(x) \pm g'(x)$

4) $\boxed{\{f(x) g(x)\}' = f'(x) g(x) + f(x) g'(x)}$

($\lim_{h \to 0} \dfrac{f(x+h)g(x+h) - f(x)g(x)}{h} =$

$\lim_{h \to 0} \dfrac{f(x+h)g(x+h) - f(x)g(x+h) + f(x)g(x+h) - f(x)g(x)}{h}$)

5) $\boxed{\{\dfrac{f(x)}{g(x)}\}' = \dfrac{f'(x)g(x) - f(x)g'(x)}{\{g(x)\}^2}}$ (단, $g(x) \neq 0$)

($\dfrac{f(x+h)}{g(x+h)} - \dfrac{f(x)}{g(x)} = \dfrac{f(x+h)g(x) - f(x)g(x+h)}{g(x+h)g(x)} =$

$\dfrac{\{f(x+h) - f(x)\}g(x) - f(x)\{g(x+h) - g(x)\}}{g(x+h)g(x)}$)

6) 합성함수 $h(x) = f(g(x))$ 이면, $\boxed{h'(x) = f'(g(x)) \cdot g'(x)}$

($\dfrac{f(g(x+h)) - f(g(x))}{h} = \dfrac{f(g(x+h)) - f(g(x))}{g(x+h) - g(x)} \cdot \dfrac{g(x+h) - g(x)}{h}$)

▷ **1차, 2차 도함수 부호를 활용한 $y = f(x)$ 그래프 분석**

1) $f'(x) > 0$인 구간에서는 증가, $f'(x) < 0$인 구간에서는 감소

2) $f''(x) > 0$인 구간에서는 아래로 볼록, $f''(x) < 0$인 구간에서는 위로 볼록

3) $f'(a) = 0$일 때, $f''(a) > 0$이면 극소점, $f''(a) < 0$이면 극대점 (접선 기울기 변화)

4) $f''(a) = 0$일 때, $x = a$ 좌우에서 $f''(x)$의 부호가 바뀌면 곡선의 변곡점.

1. 다음 극한값을 구하시오.

1) $\lim_{x \to 0}(x^2 - 3x + 2) =$ 2) $\lim_{x \to \infty}(\dfrac{6x + 5}{3x}) =$

3) $\lim_{x \to 1}(\dfrac{1 - x^2}{x - 1}) =$ 4) $\lim_{x \to \infty}(\sqrt{x + 1} - \sqrt{x - 1}) =$

2. 다음 함수들의 도함수를 구하시오.

1) $f(x) = 2x^5$ 2) $f(x) = 2x^2 - x + 3$

3) $f(x) = (x^2 + 3)(x^3 - 1)$ 4) $f(x) = \dfrac{x + 3}{x^2 - 1}$

5) $f(x) = (x^2 + 3)^5$ 6) $f(x) = \sqrt{2x}$

3. 함수 $f(x)$에서 $f'(0) = 1$이라고 할 때, 다음 극한값을 구하시오.

1) $\lim_{h \to 0}\dfrac{f(2h) - f(0)}{h} =$ 2) $\lim_{h \to 0}\dfrac{f(-h^2) - f(0)}{h} =$

4. $y = 2x^3 - 6x + 1$에 대하여 다음 물음에 답하시오.
1) 이 곡선의 $x = 0$에서의 접선의 식은?
2) 이 곡선에서 접선의 기울기가 0이 되는 극점들의 좌표는?

5. 함수 $f(x)$가 $\lim_{x \to a} f(x) = f(a)$이면 $x = a$에서 연속이 된다.
그럼 $f(x) = |x|$에 대하여 물음에 답하시오.
1) 이 함수는 $x = 0$에서 연속인가?
2) 이 함수는 $x = 0$에서 미분가능인가? ($f'(0)$의 값이 존재?)

6. $y = x^3 - 2ax^2 + 4ax - 3$의 그래프가 모든 실수 x에 대하여 감소하는 경우가 없다면 상수 a값의 범위는?

7. 함수 $y = x^3 - 2x^2 - 4x - 3$에 대하여 다음 물음에 답하시오.
1) 이 함수는 $x = 0$에서 감소 상태인가 증가 상태인가?
2) 이 함수의 극소점의 좌표는?

8. 함수 $y = x^4 + 1$의 경우 변곡점의 개수는?

메 모 장

3-9 적분법 기초

함수의 적분(Integration)

▷ **면적 함수** : 함수 $y=f(x)$의 그래프와 y축($x=0$ 직선 그래프), $x=a$ 직선

그래프, 그리고 x축으로 둘러싸인 부분의 면적 함수를 $S(a)$라고 하자. $x=a$에
서 $x=a+h$만큼 더 확대된 면적 $S(a+h)$와 $S(a)$의 차이는 h값이 아주 작을
경우 직사각형의 면적 $h \times f(a)$와 거의 같아진다.

따라서 $\lim\limits_{h \to 0} \dfrac{S(a+h)-S(a)}{h} = \lim\limits_{h \to 0} \dfrac{h \cdot f(a)}{h} = f(a)$. 즉, $S'(a)=f(a)$.

그러므로 모든 x에 대하여 $S'(x)=f(x)$ 관계가 성립함을 알 수 있다.

또한 $x=a$와 $x=b$ 사이의 면적은 $S(b)-S(a)$가 됨에 유의할 것.

(그 면적의 근사치로서, $x=a$와 $x=b$ 사이를 n등분하여 각 함수 값을 높이로

하는 직사각형들 n개 면적의 합은 $\sum\limits_{k=1}^{n} \dfrac{b-a}{n} f\left(a+\dfrac{b-a}{n}k\right)$로 나타낼 수 있는데, n을

무한히 크게 하면 $S(b)-S(a)$는 $\lim\limits_{n \to \infty} \sum\limits_{k=1}^{n} \dfrac{b-a}{n} f\left(a+\dfrac{b-a}{n}k\right)$와 같게 된다.)

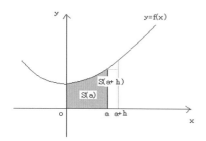

▷ **부정적분(indefinite integral)과 정적분(definite integral):** 함수 $y=f(x)$의
그래프와 x축 사이에 $x=a$에서 $x=b$까지의 면적을 구하려면, $F'(x)=f(x)$인
$F(x)$라는 함수를 찾아낸 후 $F(b)-F(a)$를 하면 이 값이 곧 그 면적이 된다.
왜 그럴까? 여기서 $F'(x)=f(x)$가 되는 $F(x)$를 $f(x)$의 원시함수(primitive

function)라고 하고 $\displaystyle\int f(x)dx = F(x)+C$로 나타내며 이를 부정적분한다고 한다

(C는 적분상수). 또한 $x=a$와 $x=b$ 사이의 $y=f(x)$의 면적을 구하는 것을 $f(x)$를

a에서 b까지 정적분한다고 하며, 그 값을 $\displaystyle\int_a^b f(x)dx$로 표시한다. 이는 위의

$S(b)-S(a)$에 해당한다. 그런데 $S'(x)=f(x)=F'(x)$에서 $S'(x)-F'(x)=0$이므로
$S(x)-F(x)=C$. 따라서 $S(x)=F(x)+C$이므로 $S(b)-S(a)=F(b)-F(a)$가 항상 성립.

$F(x)$를 $f(x)$의 한 부정적분이라고 할 때 $\int_a^b f(x)dx = [F(x)]_a^b = F(b) - F(a)$.

예를 들면, $\int (2x)dx = x^2 + C$이며, $\int_2^3 2xdx = [x^2]_2^3 = 3^2 - 2^2 = 5$.

▷ **부정적분의 성질**

1) $\int kdx = kx + C$ (k는 상수, C는 적분상수)

2) $\int x^n dx = \dfrac{x^{n+1}}{n+1} + C$ (n은 자연수, C는 적분상수)

3) k가 상수이면, $\int kf(x)dx = k\int f(x)dx$

4) $\int \{f(x) \pm g(x)\}dx = \int f(x)dx \pm \int g(x)dx$

5) 치환적분: $x = g(t)$일 경우, $\int f(x)dx = \int f(x)\dfrac{dx}{dt}dt = \int f(g(t))g'(t)dt$

6) 부분적분: $\int f(x)g'(x)dx = f(x)g(x) - \int f'(x)g(x)dx$ ($(f(x)g(x))' = f'(x)g(x) + f(x)g'(x)$ 이기 때문. 따라서 $\int f(x)dx = xf(x) - \int xf'(x)dx$)

▷ **정적분의 성질** : 부정적분의 성질들과 같으며 덧붙여 다음을 만족.

1) $\int_a^b f(x)dx = -\int_b^a f(x)dx$

2) $\int_a^b f(x)dx = \int_a^c f(x)dx + \int_c^b f(x)dx$

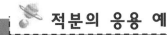 **적분의 응용 예**

▷ **입체도형의 부피 구하는 법**: 입체도형을 x, y 좌표에서 원점에서 시작하여 x축 방향으로 눕혀 놓은 후 $x = t$ 지점에서 x축에 수직 방향으로 자를 때의 단면적을 S(t)라고 한다면 $x = a$에서 $x = b$까지의 체적은 $\int_a^b S(x)dx$이 된다.

▷ **원뿔(circular cone)의 부피 공식** : 밑변 원의 반지름을 r, 높이가 h인 원뿔의 체적을 적분법을 이용하여 구해보자. 아래 그림에서 x에서의 단면인 원의 반지름은 $\dfrac{r}{h}x$ 이므로 원의 면적은 $\pi(\dfrac{r}{h}x)^2$. 따라서 이 원뿔의 부피 V$= \int_0^h \dfrac{\pi r^2}{h^2}x^2 dx$

$= \dfrac{\pi r^2}{h^2}\int_0^h x^2 dx = \dfrac{\pi r^2}{h^2}[\dfrac{x^3}{3}]_0^h = \dfrac{1}{3}(\pi r^2)h$ 를 공식으로 얻을 수 있다.

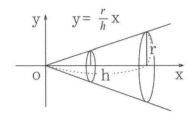

1. 다음 부정적분을 하시오

1) $\int (3x^2)dx =$

2) $\int (3x^2 - 2x + 1)dx =$

3) $\int (x-1)^3 dx =$

4) $\int x(3x^2 - 1)^3 dx =$

2. 다음 정적분 계산을 하시오.

1) $\int_1^2 (2x^2 - x + 1)dx =$

2) $\int_0^1 (x^3 - 2x + 1)dx + \int_1^3 (x^3 - 2x + 1)dx =$

3) $\int_0^2 |4x^2 - 1|dx =$

4) $\int_1^2 \sqrt{x-1}dx =$

3. 다음 도형의 면적을 구하시오.

1) 곡선 $y = -x^2 + 1$와 직선 $y = x - 1$로 둘러싸인 도형

2) 곡선 $y = x^2 - 4$와 x축 및 $x = -1$, $x = 3$ 두 직선으로 둘러싸인 도형

4. 밑면이 한변이 a인 정삼각형이고 높이가 h인 사면체의 부피를 구하는 공식을 정적분을 이용하여 유도하시오.

5. 정적분 개념을 이용하여 $\lim_{n \to \infty} \sum_{k=1}^n \frac{k^4}{n^5}$의 값을 구하시오.

6. 다음 입체도형의 부피를 구하시오.

1) x의 구간 $[0,3]$에서 $y^2 = 2x$를 x축의 둘레로 회전하여 생기는 회전체

2) 반지름이 4인 구를 평면 위에 놓고 높이 2지점에서 평면과 평행하게 잘라낸 아랫 부분

7. $y = f(x)$에서 임의의 x에 대한 그 접선의 기울기가 $-3x^2 + 2$이고 점$(1, 2)$를 지나는 곡선의 방정식을 구하시오.

8. 좌표의 원점에서 출발하여 x축 상에서 일직선 운동하는 물체가 t초 후의 속도가 $-3t^2 + 9$가 된다고 할 때, 다음 물음에 답하시오.

1) 다시 원점으로 복귀하는 시간은 몇 초 후?

2) 처음부터 5초 후까지의 총 경로 거리는?

9. 함수 $y = a(x-p)(x-q)$와 x축으로 둘러싸인 도형의 면적은 $\frac{1}{6}|a(p-q)^3|$이 됨을 보이시오.

메 모 장

3-10 확률분포와 통계

확률분포(Probability Distribution)

▷**확률변수와 확률분포:** 변수 $x_1, x_2, x_3, \cdots, x_n$ (통칭하여 X)에 대해 일어날 각 확률들이 $p_1, p_2, p_3, \cdots, p_n (\sum_{i=1}^{n} p_i =1$, 통칭하여 P)라고 할 때, X에 대한 P의 각 대응 관계를 확률 변수 X의 확률분포라고 한다.

▷**확률변수의 평균/분산/표준편차:** $m = \sum_{i=1}^{n} x_i p_i$ 을 X의 기대값 또는 평균이라고 하며, E(X)라고 표현하기도 한다. 이 때 평균 m 의 기준으로 변수들의 간격 정도를 나타내는 $V(X) = \sum_{i=1}^{n} (x_i - m)^2 p_i$ 을 X의 분산(variance)이라고 하며, $\sigma = \sqrt{V(X)}$ 를 X의 표준편차(standard deviation)라고 한다 (이를 S(X)로도 표현). 그럼 다음 식들이 성립.

1) $V(X) = \sum_{i=1}^{n} (x_i - m)^2 p_i = \sum_{i=1}^{n} (x_i^2 p_i - 2mx_i p_i + m^2 p_i) = E(X^2) - m^2$

2) $E(aX+b) = am+b$, $V(aX+b) = E\{(ax+b)-(am+b)\}^2 = a^2 V(X)$

▷ **이항분포(binomial distribution):** 1회 시행시 A가 일어날 확률을 p , 일어나지 않을 확률을 $q (=1-p)$라고 할 때, n 회 독립시행을 할 경우 A가 일어나는 횟수를 확률변수 X$(0,1,2, \cdots, n)$로 잡으면 그 확률분포는 $_nC_0 q^n$, $_nC_1 pq^{n-1}$, $_nC_2 p^2 q^{n-2}$, $\cdots, _nC_n p^n (\sum_{i=0}^{n} {_nC_i} p^i q^{n-i} = (p+q)^n = 1)$가 된다.

이러한 확률분포를 이항분포라고 하며 B(n, p)로 나타낸다. 이 때 다음이 성립.

1) 평균 : $\boxed{m = np}$ $((px+q)^n = \sum_{i=0}^{n} {_nC_i} p^i q^{n-i} x^i$ →양변을 미분하면

$np(px+q)^{n-1} = \sum_{i=0}^{n} i \cdot {_nC_i} p^i q^{n-i} x^{i-1}$ 이 되며, $x=1$을 넣으면 $np = m$)

2) 표준편차 : $\boxed{\sigma = \sqrt{npq}}$

128

▷**정규분포란?** 연속확률변수 X의 평균이 m, 표준편차가 σ 라고 할 때, 확률 분포 함수가 $f(x)=\dfrac{1}{\sqrt{2\pi}\sigma}e^{-\frac{(x-m)^2}{2\sigma^2}}$ 모양으로 나타나면 X는 정규분포 $N(m, \sigma^2)$을 따른다고 한다. ($x=m$에서 최대값 $=\dfrac{1}{\sqrt{2\pi}\sigma}$을 가지며, $m-\sigma < x < m+\sigma$ 에서 위로 볼록하고 그 밖에는 아래로 볼록)

이항분포 $B(n, p)$는 n이 아주 클 경우 $N(np, npq)$을 따른다.

▷ **표준정규분포** : 연속확률변수 X가 정규분포 $N(m, \sigma^2)$을 따를 때, $Z=\dfrac{X-m}{\sigma}$ 의 분포는 항상 평균 0, 표준편차 1인 정규분포 $N(0, 1)$을 따르며 이를 표준정규 분포라고 한다. (이 때, $f(z)=\dfrac{1}{\sqrt{2\pi}}e^{-\frac{z^2}{2}}$)

또한, $P(m-\sigma < X < m+\sigma)=P(-1\leq Z\leq 1)=\underline{0.6826}$, $P(m-2\sigma < X < m+2\sigma)=P(-2\leq Z\leq 2)=\underline{0.9544}$, $P(m-3\sigma < X < m+3\sigma)=P(-3\leq Z\leq 3)=\underline{0.9974}$.

통계추정

▷ **모집단과 표본:** 표본조사를 하는 경우 원래의 전체 집단을 모집단이라고 하고, 여기에서 추출한 자료의 모임을 표본이라고 한다.

▷ **표본평균** : 모집단에서 n개의 표본을 추출하여 그 평균을 취한 것을 표본 평균이라고 한다.

▷ **표본평균의 평균과 분산:** 모평균이 m, 모 표준편차가 σ 인 모집단에서 추출한 표본의 표본평균 $\overline{X}$들의 평균 $E(\overline{X})=m$ 이 된다. 또한 표본평균 들의 분산 $V(\overline{X})=\dfrac{\sigma^2}{n}$이 된다. 만일 n이 충분히 크면 $\overline{x}$는 정규분포 $N(m, \dfrac{\sigma^2}{n})$에 따른다.

▷ **모평균의 추정:** 모집단에서 크기 n의 표본을 추출할 때, 그 표본평균을 $\overline{x}$라 고 하면, 표준편차 σ 인 모집단의 모평균 m을 추성아사면,

1) 95%의 신뢰도: $\overline{x}-1.96\dfrac{\sigma}{\sqrt{n}}\leq m\leq\overline{x}+1.96\dfrac{\sigma}{\sqrt{n}}$

2) 99%의 신뢰도: $\overline{x}-2.58\dfrac{\sigma}{\sqrt{n}}\leq m\leq\overline{x}+2.58\dfrac{\sigma}{\sqrt{n}}$

1. 동전을 5회 던져서 앞 면이 나오는 횟수를 X라고 할 때, 다음을 구하시오.
(1) X의 확률분포표를 만드시오.
(2) X의 평균을 구하시오.
(3) X의 분산과 표준편차를 구하시오.
(4) 확률변수 Y=2X+1의 평균과 표준편차는?

2. 확률변수 X가 정규분포 $N(10, 5^2)$을 따를 때, 다음을 구하시오.
(1) 발생하는 변수값이 5이상 15이하일 확률, 즉 $P(5 \leq X \leq 15)$의 값을 구하시오.
(2) 확률변수 $Z = \dfrac{X-10}{5}$ 의 표준편차와 확률함수의 최대값은?
(3) $P(5 \leq X \leq 20)$의 값은?

3. 주사위를 180회 던져서 1이 나온 횟수를 X라고 할 때, 다음 물음에 답하시오.
(1) 이 확률분포의 평균과 표준편차를 구하시오.
(2) 주사위를 180회 던질 때, 1이 20번 이상, 40번 이하 나올 확률을 구하시오.

4. 이항분포 개념을 이용하여 $\displaystyle\sum_{k=0}^{60}(k-10)^2\, {}_{60}C_k \left(\dfrac{1}{6}\right)^k \left(\dfrac{5}{6}\right)^{60-k}$ 값을 구하시오

5. 모집단이 정규분포 $N(30, 5^2)$을 따른다고 합니다. 여기에서 25개의 임의표본을 추출할 때, 그 평균이 28 이하일 확률을 구하시오.

6. 직원 수가 1,000명인 어느 회사에서 전체 영어시험을 보았는데, 그 중 49명을 표본으로 추출하여 시험 성적을 조사했더니 그 평균은 60점이 나왔고 표준편차는 21이 나왔다고 합니다. 이 회사 전체의 영어 평균 점수를 신뢰도 95.44% 수준으로 추정해보시오.

메모장

3-11 이차곡선(Quadratic curve)

포물선(Parabolla)

▷ **포물선이란?** 평면좌표 위에서 한 직선과 그 위를 지나지 않는 한 점과 같은 거리에 있는 점들의 집합을 포물선이라고 정의한다.

이 때 그 직선을 준선(directrix), 그 점을 초점(focus)이라고 한다.

▷ **포물선의 방정식 :** 준선이 $y = -p \, (p > 0)$, 초점이 $(0, p)$인 포물선의 식을 구해보자. 포물선 위의 임의의 점의 좌표를 (x, y)라고 할 때, $y + p = \sqrt{x^2 + (y-p)^2}$ 이므로 양변을 제곱하여 이 식을 정리하면, $\boxed{x^2 = 4p\,y}$의 관계식 (이차식)을 얻는다. 거꾸로 $y = a\,x^2$의 준선은 $a = \dfrac{1}{4p}$로 놓으면 $p = \dfrac{1}{4a}$로 준선의 식과 초점의 좌표를 얻는다.

타원(Ellipse)

▷ **타원이란?** 평면좌표 위에서 서로 다른 두 정점으로부터 거리의 합이 일정한 점들의 집합을 타원이라고 정의한다. 이 때 그 두 정점을 그 타원의 두 초점 (focus)이라고 한다.

▷ **타원의 방정식 :** 두 초점이 x축 상의 $(p, 0)$, $(-p, 0)$인 타원의 식을 알아보자 $(p > 0)$. 타원 위의 임의의 점의 좌표를 (x, y)라고 할 때 두 초점으로부터의 거리의 합 $\sqrt{(x-p)^2 + y^2} + \sqrt{(x+p)^2 + y^2}$ 이 k 라고 하면, $\dfrac{x^2}{(\frac{k^2}{4})} + \dfrac{y^2}{(\frac{k^2}{4}) - p^2} = 1$의 모양

이 된다. 그런데, x축 상의 좌표를 구하기 위해 위 식에서 $y = 0$을 대입하면 $x = \pm\dfrac{k}{2}$가 되고 y축 상의 좌표를 구하기 위해 $x = 0$을 대입해 보면 $y = \pm\sqrt{\dfrac{k^2}{4} - p^2}$ 이 된다. 따라서 각 양의 값들을 a, b $(a > b)$라고 하면 타원의 방정식은 $\boxed{\dfrac{x^2}{a^2} + \dfrac{y^2}{b^2} = 1}$의 모양이 된다. 이 방정식에서 거리의 합 $k = 2a$가 되고 초점 $p = \sqrt{a^2 - b^2}$ 가 됨에 유의.

($b > a$인 경우는 $p = \sqrt{b^2 - a^2}$ 일 때 $(0, p)$, $(0, -p)$ 가 두 초점인 타원)

132

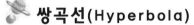

▷ **쌍곡선이란?** 평면좌표 위에서 서로 다른 두 정점으로부터의 거리의 차가 일정한 점들의 집합을 쌍곡선이라고 정의한다. 이 때 그 두 정점을 쌍곡선의 두 초점(focus)이라고 한다.

▷ **쌍곡선의 방정식 :** 두 초점이 $(p, 0)$, $(-p, 0)$인 쌍곡선의 식을 구해보자 $(p>0)$. 타원의 임의의 점의 좌표를 (x, y)라고 할 때 두 초점으로부터의 거리의 차 $\sqrt{(x+p)^2+y^2} - \sqrt{(x-p)^2+y^2}$ 가 k 라고 하면, $\dfrac{x^2}{(\frac{k^2}{4})} - \dfrac{y^2}{p^2-(\frac{k^2}{4})} = 1$ 의 모양이 된다. 그런데, x축 상의 좌표를 구하기 위해 위 식에서 $y=0$을 대입하면 $x=\pm\dfrac{k}{2}$가 되는데, 그 절대값을 a라고 하고, $b=\sqrt{p^2-a^2}$ $(p>a)$라고 하면,

쌍곡선의 방정식은 $\boxed{\dfrac{x^2}{a^2} - \dfrac{y^2}{b^2} = 1}$ 의 모양이 된다. 이 방정식에서 거리의 차 $k=2a$ 가 되고 초점 $p=\sqrt{a^2+b^2}$ 가 됨에 유의할 것.

▷ **점근선(Asymptote) :** 위의 식을 변형하면 $\dfrac{y^2}{x^2} = \dfrac{b^2}{a^2} - \dfrac{b^2}{x^2}$ 가 되므로 쌍곡선에서 x가 $\pm$로 무한히 커짐에 따라 $y:x$의 비 즉, $\dfrac{y}{x} \to \pm\dfrac{b}{a}$ 로 접근함을 알 수 있다. 즉, 쌍곡선 $\dfrac{x^2}{a^2} - \dfrac{y^2}{b^2} = 1$은 직선의 식 $y=\pm\dfrac{b}{a}x$ 에 점점 가까워지며, 이 직선을 점근선이라고 한다.

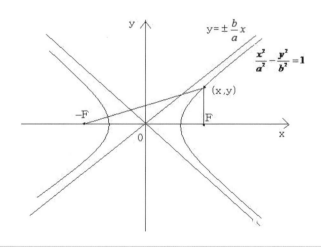

1. 포물선 $y = 2x^2$에 대해 다음 물음에 답하시오.
1) 준선의 식은?　　　　2) 초점의 좌표는?

2. 포물선 $y^2 - x - 2y + 3 = 0$에 대해 다음 물음에 답하시오.
1) 꼭지점은?　　　2) 준선의 식은?　　　3) 초점의 좌표는?

3. 타원 $x^2 + 4y^2 = 4$에 대해 물음에 답하시오.
1) 좌우 폭(장축의 길이)와 상하 폭(단축의 길이)의 차는?
2) 두 초점 사이의 거리는?
3) 타원 위의 한 점에서 두 초점과의 거리의 합은?

4. 쌍곡선 $x^2 - 4y^2 = 64$에 대해 물음에 답하시오.
1) 꼭지점의 좌표는?　　　　　2) 초점의 좌표는?
3) 쌍곡선 위의 한 점에서 두 초점과의 거리의 차는?
4) 점근선의 식은?

5. 다음 설명하는 이차 곡선의 식을 쓰시오.
1) 초점이 (1,2)이고 준선이 y=-2인 포물선
2) 두 초점의 좌표가 (−3,0), (3,0)이고 두 초점과의 거리의 합이 8인 타원형
3) 두 초점이 (−5,0), (5,0)이고 점근선이 $y = \pm \dfrac{4}{3}x$인 쌍곡선
4) 두 꼭지점이 (−4,1), (4,1)이고 두 초점이 (−5,1),(5,1)인 쌍곡선
5) 두 초점의 좌표가 (0,−4), (0,4)이고 상하 폭이 12인 타원형

6. 다음 방정식을 보고 어떤 이차곡선인지 쓰고 그 초점의 좌표를 구하시오.
(포물선은 1개, 타원형, 쌍곡선은 2개씩)
1) $4x^2 - 8x + 9y^2 + 18y - 23 = 0$
2) $4x^2 + 8x - 9y^2 + 18y - 41 = 0$
3) $8x - y^2 + 4y + 4 = 0$

7. 타원 $x^2 + 4y^2 = 4$에 접하고 기울기가 1인 접선의 방정식은?

메 모 장

3-12 벡터(Vector)

벡터의 정의

▷ **벡터:** 실수 크기만 가진 양을 스칼라(scalar)라고 부르는 반면 크기와 방향을 함께 가진 양을 벡터(vector)라고 부른다. (위치와는 상관없이 크기와 방향이 같으면 같은 벡터로 간주함에 유의.)

▷ **벡터의 표시:** 시점(시작점)이 A, 종점이 B인 벡터를 $\overrightarrow{AB}$로 표시하고 그 크기를 $|\overrightarrow{AB}|$로 나타낸다. ($|\overrightarrow{AB}|=1$인 경우를 단위벡터, 크기가 같고 방향이 반대인 $\overrightarrow{BA}$을 $\overrightarrow{AB}$의 역벡터($-\overrightarrow{AB}$)라고 한다.)

▷ **위치벡터:** 일정한 정점 O를 기준으로 점 A와의 거리를 벡터의 크기로 잡고 A의 위치를 표시하기 위한 $\overrightarrow{OA}$를 위치벡터라고 한다.

벡터의 연산

▷ **벡터의 합/차 정의:** $\overrightarrow{AB}+\overrightarrow{BC}=\overrightarrow{AC}$, $\overrightarrow{AB}+\overrightarrow{AC}=\overrightarrow{AD}$ (평행사변형법)
이 때 교환법칙과 결합법칙이 성립. 또한 $\overrightarrow{AB}-\overrightarrow{AC}=\overrightarrow{CB}$

▷ **벡터의 실수배:** 실수 k에 대하여 $k\overrightarrow{AB}$는 방향은 $\overrightarrow{AB}$와 같고 (서로 평행으로 표현) 크기가 $k|\overrightarrow{AB}|$인 벡터를 의미. 두 벡터를 $\vec{a}$, $\vec{b}$로 표시할 때 실수 m, n에 대하여 $m(n\vec{a})=n(m\vec{a})=mn\vec{a}$, $m(\vec{a}+\vec{b})=m\vec{a}+n\vec{a}(=m+n)\vec{a}$가 성립.

▷ **분할점의 위치벡터:** 선분 AB를 $m:n$로 내분하는 점을 C라고 하면, 위치벡터 $\overrightarrow{OC}=\dfrac{n\overrightarrow{OA}+m\overrightarrow{OB}}{m+n}$(좌표상에서 내분점 계산법과 동일)

▷ **벡터의 내적 정의**: 두 벡터 $\vec{a}$, $\vec{b}$에 대해 각 방향 간의 각을 θ라고 할 때, $|\vec{a}||\vec{b}|\cos\theta$을 두 벡터의 내적이라고 하며 $\vec{a}\cdot\vec{b}$로 표시. $(\vec{a}\cdot\vec{b}=\vec{b}\cdot\vec{a})$

▷ **내적 계산법**: 원점 기준의 공간 좌표 (a_1, a_2, a_3)의 벡터를 $\vec{a}$, 또 (b_1, b_2, b_3)의 공간벡터를 $\vec{b}$라고 할 때, $\vec{a}\cdot\vec{b}=a_1b_1+a_2b_2+a_3b_3$(두 벡터간 각이 θ면, 세 좌표점 간 거리에 코사인 제2법칙을 적용하면 $\cos\theta = \dfrac{a_1b_1 + a_2b_2 + a_3b_3}{\sqrt{a_1^2 + a_2^2 + a_3^2} \cdot \sqrt{b_1^2 + b_2^2 + b_3^2}}$을 얻는다.)

▷ **내적의 성질**: $\vec{a}\cdot\vec{b}=0$이면 $\vec{a}\perp\vec{b}$, $\vec{a}\cdot(\vec{b}+\vec{c})=\vec{a}\cdot\vec{b}+\vec{a}\cdot\vec{c}$ (분배법칙 성립)

▷ **벡터의 외적 정의**: 두 공간 벡터 $\vec{a}$, $\vec{b}$에 대해 각 방향 간의 각을 θ라고 할 때, $|\vec{a}||\vec{b}|\sin\theta$의 크기로 그 두 벡터가 이루는 평면의 수직방향(오른손의 검지와 중지에 대해 엄지방향)인 벡터를 두 벡터의 외적이라고 하며, $\vec{a}\times\vec{b}$로 표시.
예) i=(1,0,0), j=(0,1,0), k=(0,0,1)의 단위벡터라고 할 때, i×j=k.

▷ **외적 계산법**: 공간 좌표(a_1, a_2, a_3)의 벡터를 $\vec{a}$, 또 (b_1, b_2, b_3)의 공간벡터를 $\vec{b}$라고 할 때 $\vec{a}\times\vec{b}=\begin{vmatrix} i & j & k \\ a_1 & a_2 & a_3 \\ b_1 & b_2 & b_3 \end{vmatrix}=(a_2b_3-a_3b_2,\ a_3b_1-a_1b_3,\ a_1b_2-a_2b_1)$
(외적은 교환법칙이나 결합법칙이 성립하지 않음)

▷ **직선의 방정식**: 점 $P(x_1, y_1, z_1)$을 지나고 벡터 $\vec{q}=(a, b, c)$에 평행한 직선의 벡터 방정식은 $\vec{p}=\overrightarrow{OP}+t\vec{q}$. 그리고 직선의 방정식은 각 좌표 성분을 비교하여 $\boxed{\dfrac{x-x_1}{a}=\dfrac{y-y_1}{b}=\dfrac{z-z_1}{c}(=t)}$ (단, $a, b, c \neq 0$일 때)

▷ **평면의 방정식**: 점 $P(x_1, y_1, z_1)$을 지나고 벡터 $\vec{q}=(a, b, c)$에 수직인 평면의 벡터방정식은 $(\vec{p}-\overrightarrow{OP})\cdot\vec{q}=0$이며 $a(x-x_1)+b(y-y_1)+c(z-z_1)=0$이 그 평면의 방정식으로 일반형은 $\boxed{ax+by+cz+d=0}$. 평면식 $ax+by+cz+d=0$에 대하여 그 수직인 벡터 $\vec{n}=(a, b, c)$을 그 평면의 법선(normal)벡터라고 한다.

x, y, z 절편 값이 각각 a, b, c인 평면의 방정식은 $\dfrac{x}{a}+\dfrac{y}{b}+\dfrac{z}{c}=1$ $(abc \neq 0)$

▷ **두 평면이 이루는 각**: 두 법선벡터: $\vec{a}=(a_1, a_2, a_3)$, $\vec{b}=(b_1, b_2, b_3)$→ $\cos\theta = \left| \dfrac{a_1b_1 + a_2b_2 + a_3b_3}{\sqrt{a_1^2 + a_2^2 + a_3^2} \cdot \sqrt{b_1^2 + b_2^2 + b_3^2}} \right|$로 사잇각을 구한다.)

1. 직육면체 ABCD-EFGH에 대하여 서로 수직하는 세 벡터 $\overrightarrow{AB}=\vec{t}$, $\overrightarrow{AD}=\vec{s}$, $\overrightarrow{AE}=\vec{r}$로 표시할 때, 다음 벡터들을 $\vec{t}$, $\vec{s}$, $\vec{r}$로 나타내시오.

(1) $\overrightarrow{AC}$ (2) $\overrightarrow{AG}$

(3) $\overrightarrow{CF}$ (4) $\overrightarrow{BH}$

2. 공간좌표상의 세 점을 연결한 $\triangle ABC$의 무게중심을 G라고 할 때 다음 물음에 답 하시오.

(1) 원점 O에서 각 A, B, C 세점을 향하는 위치벡터를 각각 $\vec{a}$, $\vec{b}$, $\vec{c}$라고 할 때, $\overrightarrow{OG}$을 $\vec{a}$, $\vec{b}$, $\vec{c}$로 나타내시오.

(2) $\overrightarrow{GA}+\overrightarrow{GB}+\overrightarrow{GC}=\vec{0}$ (영벡터)가 성립함을 보이시오

3. 다음 두 벡터들의 내적을 구하시오.

(1) $|\overrightarrow{OA}|=3$, $|\overrightarrow{OB}|=4$, $\overrightarrow{OA}$, $\overrightarrow{OB}$ 가 이루는 각이 $60°$ 일 때 두 벡터 내적

(2) $|\overrightarrow{OA}|=3$, $|\overrightarrow{OB}|=4$, $|\overrightarrow{AB}|=5$일 때, $\overrightarrow{OA}$와 $\overrightarrow{AB}$의 내적

(3) 공간의 세 점 (A(1, 2, 3), B(0, 1, 2), C(-2, -1, 0)에 대해 $\overrightarrow{AB}$, $\overrightarrow{AC}$의 내적

4. 한변의 길이가 각가 2와 4인 두 정육면체를 한 면과 한 꼭지점에서 맞닿도록 바닥에 내려 놓았습니다. 이 꼭지점 P에서 각 육면체의 대각선에 있는 꼭지점들을 각각 A, B 라고 하고 $\angle AOB$를 θ 라고 할 때, $\cos\theta$ 의 값을 구하시오.

5. 두 점 A(1, 2, 3), B(-1, 0, 2)에 대하여 다음 도형의 방정식을 구하시오.

(1) 점 A를 지나고 $\overrightarrow{OB}$에 평행하는 직선

(2) 두 점 A, B를 지나는 직선

(3) 점 A를 지나고 $\overrightarrow{OB}$에 수직인 평면

6. 다음 두 도형이 이루는 각을 θ 이라고 할 때 다음 값을 구하시오.

(1) 평면 $x+2y+3z+4=0$과 평면 $x-y-z=0$에 대한 $\cos\theta$

(2) 직선 $\dfrac{x-1}{3}=\dfrac{y-2}{4}=\dfrac{z-3}{5}$와 평면 $5x-4y-3z-2=0$에 대한 $\sin\theta$

메 모 장

3-13 특수함수의 미적분

🪐 자연로그(natural logarithm) e의 정의

▷ $\lim_{h \to 0}(1+h)^{\frac{1}{h}} (= \sum_{k=0}^{\infty} \frac{1}{k!}) = e\,(2.71828\cdots),\ \log_e x = \ln x$ (자연로그)

▷ $\lim_{h \to 0} \frac{e^h - 1}{h} = 1\,(e^k - 1 = t$ 라 놓으면, 분모 $h = \ln(t+1)$)

🪐 지수/로그 함수의 미분

▷ **y=e^x의 미분:** $y' = \lim_{h \to 0} \frac{e^{x+h} - e^x}{h} = \lim_{h \to 0} \frac{e^x(e^h - 1)}{h} = e^x$

▷ **y=a^x의 미분:** $y' = \lim_{h \to 0} \frac{a^{x+h} - a^x}{h} = a^x \lim_{h \to 0} \frac{a^h - 1}{h} = a^x(\ln a)$

($a^h - 1 = t$ 로 놓으면 분모 $h = \log_a(1+t) = \frac{\ln(1+t)}{\ln a}$)

▷ **y=$\ln x$의 미분:** $y' = \lim_{h \to 0} \frac{\ln(x+h) - \ln x}{h} = \lim_{h \to 0} \frac{\ln(1+\frac{h}{x})}{\frac{h}{x}} \times \frac{1}{x} = \frac{1}{x}$

($y = \ln|x|$의 미분값도 동일)

▷ **y=$\log_a x$의 미분:** $y' = (\frac{\ln x}{\ln a})' = \frac{1}{(\ln a)x}$

🪐 삼각함수의 미분

▷ $\lim_{\theta \to 0} \frac{\sin \theta}{\theta}$의 **극한값:** 반지름 1이고 중심각이 θ 인 부채꼴에서의 면적 비교(부채꼴과 삼각형들)에 의하면 $\frac{1}{2}\sin\theta\cos\theta < \frac{1}{2}\theta < \frac{1}{2}\tan\theta$ 에서 각변을 $\sin\theta$ 로 나누면

$\cos\theta < \frac{\theta}{\sin\theta} < \frac{1}{\cos\theta}$

따라서 $\lim_{\theta \to 0} \dfrac{\sin\theta}{\theta} = 1$

▷ $\lim_{\theta \to 0} \dfrac{\cos\theta - 1}{\theta}$의 값: $\lim_{\theta \to 0} \dfrac{\cos^2\theta - 1}{\theta(\cos\theta + 1)} = \lim_{\theta \to 0} \dfrac{-\sin^2\theta}{\theta(\cos\theta + 1)} = \lim_{\theta \to 0} \dfrac{-\sin\theta}{\cos\theta + 1} = 0$

▷ y=sin x 와 y=cos x 의 미분: $y' = \cos x$, $y' = -\sin x$

$(\dfrac{\sin(x+h) - \sin x}{h} = \dfrac{\sin x \cosh + \cos x \sinh - \sin x}{h} = \dfrac{\sin x(\cosh + 1) + \cos x \sinh}{h}$,

$\dfrac{\cos(x+h) - \cos x}{h} = \dfrac{\cos x \cosh - \sin x \sinh - \cos x}{h} = \dfrac{\cos x(\cosh + 1) - \sin x \sinh}{h})$

▷ **기타 삼각함수들의 미분:** $(\tan x)' = \sec^2 x$, $(\cot x)' = -\csc^2 x$, $(\sec x)' = \tan x \cdot \sec x$, $(\csc x)' = -\cot x \cdot \csc x \, (\csc = \text{cosec})$

🪐 주요 적분 공식들

▷ $\displaystyle\int a^x dx = \dfrac{a^x}{\ln a} + c$

▷ $\displaystyle\int (\log_a x)dx = \int (x)'(\log_a x)dx = x\log_a x - \int(\dfrac{1}{\ln a})dx = x(\log_a x - \dfrac{1}{\ln a}) + c$

▷ $\displaystyle\int (\sin^2 x)dx = \dfrac{1}{2}x - \dfrac{1}{4}\sin 2x + c \quad (\sin^2 x = \dfrac{1 - \cos 2x}{2})$

▷ $\displaystyle\int (\tan x)dx = \int (\dfrac{\sin x}{\cos x})dx = \int \dfrac{-dt}{t} = -\ln|t| + c = \ln|\sec x| + c$

▷ $\displaystyle\int (\sec x)dx = \int (\dfrac{\cos x}{1 - \sin^2 x})dx = \int \dfrac{dt}{1 - t^2} = \dfrac{1}{2}\ln|\dfrac{1+t}{1-t}| + c = \ln|\sec x + \tan x| + c$

▷ $\displaystyle\int (\sec^3 x)dx = \dfrac{1}{2}\tan x \sec x + \dfrac{1}{2}\ln|\sec x + \tan x| + c \quad (\int(\sec^3 x)dx =$
$\displaystyle\int (\tan x)'\sec x dx = \tan x \sec x - \int \tan^2 x \sec x dx = \tan x \sec x - \int(\sec^3 x - \sec x)dx)$

▷ $\displaystyle\int \dfrac{1}{1 + x^2}dx = \tan^{-1}x + c \quad (x = \tan\theta \to dx = (\sec^2\theta)d\theta, \ 1 + x^2 = \sec^2\theta)$

▷ $\displaystyle\int \dfrac{1}{\sqrt{1 + x^2}}dx = \ln|x + \sqrt{1 + x^2}| + c \quad (x = \tan\theta \to \int \dfrac{dx}{\sqrt{1 + x^2}} = \int \sec\theta dx)$

▷ $\displaystyle\int \sqrt{1 - x^2}dx = \dfrac{1}{2}\sin^{-1}x + \dfrac{1}{2}x\sqrt{1 - x^2} + c \quad (x = \sin\theta \to \int \sqrt{1 - x^2}dx = \int(\cos^2\theta)d\theta)$

▷ $\displaystyle\int \sqrt{x^2 \pm 1}dx = \dfrac{1}{2}x\sqrt{x^2 \pm 1} + \dfrac{1}{2}\ln|x + \sqrt{x^2 \pm 1}| + c \quad (x = \tan\theta \to \int \sqrt{x^2 + 1}dx = \int(\sec^3\theta)d\theta,$
$x = \sec\theta \to \int \sqrt{x^2 - 1}dx = \int(\sec^3\theta - \sec\theta)d\theta)$

▷ $\displaystyle\int \dfrac{1}{\sqrt{1 - x^2}}dx = \sin^{-1}x + c = -\cos^{-1}x + c \quad (x = \sin\theta \ \text{또는} \ x = \cos\theta)$

▷ $\displaystyle\int \dfrac{1}{\sqrt{x^2 \pm 1}}dx = \ln|x + \sqrt{x^2 \pm 1}| + c \quad (x = \sec\theta \to \int \dfrac{dx}{\sqrt{x^2 - 1}} = \int \sec\theta dx)$

확인 문제

1. 다음 극한값을 구하시오.

(1) $\lim\limits_{\theta \to 0} \dfrac{\tan \theta}{2\theta}$

(2) $\lim\limits_{\theta \to 0} \dfrac{1 - \cos \theta}{\theta^2}$

(3) $\lim\limits_{x \to \infty} (4^x + 6^x)^{\frac{1}{x}}$

(4) $\lim\limits_{x \to 0} \dfrac{\tan 2x}{e^x - 1}$

2. 다음 함수를 미분하시오.

(1) $y = \sin^2 x$

(2) $y = e^{\cos x}$

(3) $y = x^x \, (x > 0)$

(4) $y = \ln |\cos x|$

3. 다음 부정적분을 구하시오.

(1) $\int \cos^2 x\, dx$

(2) $\int \ln x^2\, dx$

(3) $\int 2^{x+2}\, dx$

(4) $\int \sin^3 x\, dx$

(5) $\int x \cos x\, dx$

(6) $\int \cos(4x)\cos(6x)\, dx$

4. 다음 정적분을 구하시오.

(1) $\int_0^1 x\sqrt{x+1}\, dx$

(2) $\int_0^2 \sqrt{4 - x^2}\, dx$

(3) $\int_0^{\frac{1}{2}} \dfrac{1}{1 - x^2}\, dx$

(4) $\int_0^3 \dfrac{3}{x^2 + 9}\, dx$

(5) $\int_0^{\frac{\pi}{4}} \sec^3 x\, dx$

(6) $\int_0^{\frac{\pi}{4}} \tan^2 x\, dx$

5. 공기의 마찰이 없다고 할 때, 공을 지상에서 몇도 각도로 던지는 것이 가장 멀리 가게 하는 방법일까요? 또한 그 이유를 밝히시오. (단, 지상으로 향하는 중력가속도는 $9.8\, m/\sec^2$)

6. 정의역 $\{x \mid 0 < x < 2\}$ 에서, $f(x) = \cos x^2$, $g(x) = \int_0^x f(t)dt$ 라고 정의할 때,

(1) $g(x)$ 가 최대가 되는 x 값은?

(2) $g(x)$ 의 변곡점의 x 좌표는?

메 모 장

초·중·고등 수학의 맥점

제1부 초등 수학
확인 문제 답안

1. (25)×(40)=(1000)

2. (1) 5080000000 (254×2×10000000과 같이 계산)

   (2) 2040 ((816÷4)×(10000÷1000)와 같이 계산)

3. 223 (어떤 수=7×31+6=223)

4. 31명 (4명씩 앉을 때 8개의 자리가 필요하므로, 그 반의 학생 수는
   4×7+1=29명부터 4×8=32명까지 가능하다. 그런데 학생 수를 8로
   나누면 나머지가 7이 되는 경우이므로, 학생수 = 8×( )+7가 되는데,
   29명에서 32명 범위 내에 들어오는 경우는 8×3+7=31인 경우뿐.)

5. (1) 65 (곱하기부터 먼저 계산해야...)

   (2) 30 (괄호 안부터 먼저 계산)

6. 4 (8÷4÷2=1 그러나 8÷(4÷2)=4가 된다.)

7. (1) 9 (( )×8=65+7=72이므로 ( )안은 9)

   (2) −3 (28−( )=124÷4=31이므로 ( )안은 −3)

8. 34그루 ((80÷5+1)×2=34. 양쪽 길 가 모두에 나무를 심으므로
   ×2 를 한 것.)

1. 4 (91=7×13)

2. (1) 2×2×2×2×2 (또는 2^5)

   (2) 2×2×2×3×3 (또는 $2^3 \times 3^2$)

3. (1) 9개 (1,2,3,4,6,9,12,18,36)

   (2) 6개 (1,2,5,10,20,50)

4. 1 (2는 소수지만 짝수이다.)

5. (1) 4개, 15 (최대공약수 15=3×5, 공약수: 1,3,5,15)

   (2) 6개, 12 (최대공약수 12=2×2×3, 공약수: 1,2,3,4,6,12)

6. (1) 72, 144, 216, 최소공배수: 72 (공배수: 72, 72×2, 72×3,···)

   (2) 143, 286, 429, 최소공배수: 143 (최소공배수: 11×13=143)

7. 4 (두 소수의 최대공약수는 1이다.)

8. 12번째 칸 (4와 6의 최소공배수는 12이다.)

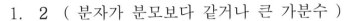

1. 2 (분자가 분모보다 같거나 큰 가분수)

2. (1) $\dfrac{37}{7}$ ($\dfrac{5\times7+2}{7}=\dfrac{37}{7}$)

   (2) $31\dfrac{1}{4}$ (또는 $31\dfrac{2}{8}$) (250÷8은 몫이 31 나머지가 2)

3. 3 ($\dfrac{9}{48}$는 분자 분모에 3을 나누면 $\dfrac{3}{16}$으로 약분이 가능)

4. (1) $\dfrac{5}{6}$ ($\dfrac{1}{6}+\dfrac{2}{3}=\dfrac{1}{6}+\dfrac{2\times2}{3\times2}=\dfrac{1}{6}+\dfrac{4}{6}=\dfrac{1+4}{6}=\dfrac{5}{6}$)

   (2) $\dfrac{13}{35}$ ($\dfrac{4}{5}-\dfrac{3}{7}=\dfrac{4\times7}{5\times7}-\dfrac{3\times5}{7\times5}=\dfrac{28-15}{35}=\dfrac{13}{35}$)

   (3) $\dfrac{25}{4}$ (또는 $\dfrac{50}{8}$) ($25-\dfrac{150}{8}=\dfrac{25\times8-150}{8}=\dfrac{50}{8}=\dfrac{25}{4}$)

   (4) $\dfrac{7}{4}$ ($12\times\dfrac{7}{48}=\dfrac{12\times7}{48}=\dfrac{7}{4}$)

   (5) $\dfrac{1}{46}$ ($\dfrac{9}{23}\div18=\dfrac{9}{23\times18}=\dfrac{1}{23\times2}=\dfrac{1}{46}$)

   (6) $\dfrac{1}{10}$ ($\dfrac{9}{25}\times\dfrac{5}{18}=\dfrac{9\times5}{25\times18}=\dfrac{1}{5\times2}=\dfrac{1}{10}$)

   (7) $\dfrac{45}{2}$ ($12\div\dfrac{8}{15}=12\times\dfrac{15}{8}=\dfrac{12\times15}{8}=\dfrac{3\times15}{2}=\dfrac{45}{2}$)

   (8) $\dfrac{3}{2}$ ($\dfrac{10}{24}\div\dfrac{5}{18}=\dfrac{5}{12}\times\dfrac{18}{5}=\dfrac{5\times18}{12\times5}=\dfrac{18}{12}=\dfrac{3}{2}$)

5. 15만원 (장난감을 사고 난 나머지 돈의 절반이 6만원이므로, 장난감을 사고 남은 돈은 12만원이다. 그런데 장난감을 사고 남은 돈은 세뱃돈의 $\dfrac{4}{5}$($1-\dfrac{1}{5}=\dfrac{4}{5}$이므로)가 되므로 (세뱃돈)$\times\dfrac{4}{5}=12$.

   따라서, 세뱃돈은 $12\div\dfrac{4}{5}=12\times\dfrac{5}{4}=15$ 만원이다.)

6. (1) $\dfrac{1}{15}$ ($\dfrac{6}{15}-\dfrac{1}{3}=\dfrac{6}{15}-\dfrac{5}{15}=\dfrac{6-5}{15}=\dfrac{1}{15}$)

   (2) $\dfrac{20}{3}$ ($5\div\dfrac{3}{4}=5\times\dfrac{4}{3}=\dfrac{5\times4}{3}=\dfrac{20}{3}$)

1. 2 (순서는 1.0035 > 0.5 > 0.102 > 0.097)

2. 3 (17.601의 소수점 첫째 자리로의 올림은 17.7이 된다.)

3. (1) 702.5　(2) 1.205　(3) 80400　(4) 0.030372

4. (1) 8.01　(2) 11.95　(3) 8.1

   (4) 112.5 (4.5÷0.04=450÷4=112.5)

5. (1) $\dfrac{43}{4}$ ($10.75=\dfrac{1075}{100}=\dfrac{43}{4}$)

   (2) $\dfrac{3551}{500}$ ($7.102=\dfrac{7102}{1000}=\dfrac{3551}{500}$)

   (3) 5.02 ($5\dfrac{1}{50}=5+0.02=5.02$)

   (4) 0.26666...

6. $\dfrac{7}{3}$,　2.3,　2.2555,　$2\dfrac{1}{4}$ ($\dfrac{7}{3}=2.333...$, $2\dfrac{1}{4}=2.25$)

7. 3 ($\dfrac{8}{7}=1.142857142857....$)

8. 49개 (10의 자리에서 올림을 하여 600이 되려면 501~600이고, 10의 자리에서 반올림으로 500이 되려면 450~549이므로 두 범위의 공통은 501~549로 총 49개이다.)

1. 2 (6:15=(6×2):(15×2)=(6×3):(15×3))

2. (1) 48% ($12:25=\dfrac{12}{25}=\dfrac{12\times4}{25\times4}=\dfrac{48}{100}$)

   (2) 60% ($\dfrac{24}{40}=\dfrac{6}{10}=\dfrac{6\times10}{10\times10}=\dfrac{60}{100}$)

3. (1) 1할8푼5리 (18.5%=0.185)

   (2) 170.9% (17할9리=1.709=$\dfrac{170.9}{100}$)

4. **36%** (피구를 한 학생은 25-12-4=9명이므로 $\dfrac{9}{25}=\dfrac{9\times4}{25\times4}=\dfrac{36}{100}$)

5. (1) **50개** ($\dfrac{10}{10+6+4}=\dfrac{10}{20}=\dfrac{1}{2}$ 이므로 $100\times\dfrac{1}{2}$=50개)

    (2) **30%** ($\dfrac{6}{10+6+4}=\dfrac{6}{20}=\dfrac{6\times5}{20\times5}=\dfrac{30}{100}$)

6. (1) **28** (15:21=5:7=(5×4):(7×4)=20:28)

    (2) **18** (12:30=2:5=(2×9):(5×9)=18:45)

7. **4** (가:나=2:1 ➔ (가+ 2):(나+ 2)=4:3)

8. **10일** (10명×240시간=20명×120시간이므로, 20명이면 120시간이 필요한데, 하루 12시간씩 일하므로 120÷12=10일)

🪐 1-6. 정수의 계산

1. **10000, 5** (100000=10000×10=10×10×10×10×10)
2. **10956=1×10000(+ 0×1000)+ 9×100+ 5×10+ 6×1**
3. **칠천삼백오십만천육십사**
4. **3** (어떤 수를 0으로 나눌 수는 없다)
5. **4** (2÷2=1의 경우 짝수 나누기 짝수는 홀수가 된다.)
6. **503, 85, 0, -7, -876, -891** (음수는 부호를 뗀 수가 클수록 수는 더 작아진다.)
7. (1) **-6**   (2) **57**   (3) **-168**   (4) **-392**   (5) **-2000**
    (6) **5050**   (7) **-20**   (8) **200**
8. **26개** (30과 80도 포함. 따라서, (80-30)÷2+ 1=26)

🪐 1-7. 진법

1. **4** (5진법이면 각 자리 수는 항상 5보다 작은 수여야 한다.)
2. (1) **27** (1+ 2×1+ 4×0+ 8×1+ 16×1=27)

(2) 7.5 ($4\times1+2\times1+1\times1+1\times\dfrac{1}{2}=7\dfrac{1}{2}=7.5$)

3. (1) 320 (아래 그림처럼 5로 계속 나누어본다.)

$$5 \overline{)85}$$
$$5 \overline{)17} \cdots 0$$
$$3 \cdots 2$$

(2) 413.1 (108.2를 108+0.2로 분리해서 계산. 0.2×5=1이므로 십진수 0.2는 오진수로는 0.1이 된다.)

4. (1) 101001 (1+1은 그 자리 수는 0으로 두고 윗자리 수로 1을 넘기며 계산)

(2) 1011 (0-1을 계산할 때는 0의 윗자리에서 1을 빼와서 그 자리에서는 2-1=1로 계산)

5. 214 (이진수 111011을 10진수로 바꾸면 59가 되며, 이것을 5로 나누며 오진수로 바꾸면 214가 된다.)

6. (1) 0.314 (1-2를 계산할 때는 1의 윗자리에서 1을 빼와서 그 자리에서는 5+1-2=4로 계산)

(2) 4023 (곱해서 8이 되면, 8=5+3이므로 3만 남기고 윗자리로 1을 보내는 방식으로 계산)

7. 5.3125 (101은 십진수로 5가 되며, 이진수 0.01은 $\dfrac{1}{4}$, 이진수 0.0001은 $\dfrac{1}{16}$이 되므로, $5+\dfrac{1}{4}+\dfrac{1}{16}=5.3125$가 된다.)

8. (1) 0.41 (0.84×5=4̄.2, 여기서 소수 부분 0.2×5=1̄)

(2) 310.02 (80은 5로 나누며 오진수로 바꾸면 310, 소수 부분 0.08×5=0̄.4, 다시 0.4×5=2̄. 따라서 전체는 310.02)

9. 2 (오진수 계산 10000-1111=3334 가 된다.)

1-8. 도형

1. 3 (원은 다각형이 아니다.)

2. 1 (원의 면적:원주=(원주율×반지름×반지름):(원주율×반지름×2) = 반지름:2. 따라서 2:2)

3. **4** (삼각형의 면적은 밑변×높이×$\frac{1}{2}$인데, 정삼각형의 높이는 한 변

보다도 더 작다.)

4. **2** (정사각형의 면적은 (한 변의 길이)×(한 변의 길이), 사실은
둘레의 길이가 (한 변의 길이)×4)

5. **9각형** (1260÷180=7 즉, 삼각형 7개가 들어가는 도형이므로
7+2=9각형)

6. (1) **230°** (180+20+30=230)

(2) **60°** (30+30=60)

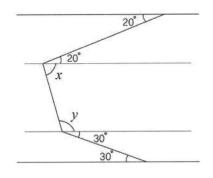
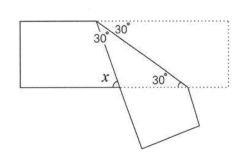

7. **오각뿔** (뿔의 옆면의 수는 밑면 도형의 변의 수와 같다.)

8. **18 cm²** (사다리꼴 면적은 (밑변+윗변)×높이÷2=(7+5)×3÷2=18)

1-9. 측정

1. **10080분** (60분×24시간×7일= 10080)

2. **13시간 50분** (15분+12시간+1시간35분=13시간 50분)

3. **12.24배** (340m/초=340×3600m/시간=1224km/시간. 따라서

$\frac{1224}{100}$=12.24이므로 시속 100km의 자동차의 12.24배)

4. (1) **1057, 10.57** (10570mm÷10=1057cm, 1057cm÷100=
10.57m)

(2) **1000000000** (1km=1000m=1000×1000000 μm=
1000000000 μm)

5. **1** (12.5cm=12.5×10mm=125mm)

6. **122도(℉)** ($50 \times \dfrac{9}{5} + 32 = 122$)

7. **5야드, 1피트, 8인치** (1야드=12×3=36인치. 따라서 200에 36을 나누면 몫이 5(야드), 나머지가 20(인치). 또 20을 12(인치)로 나누면 몫이 1(피트), 나머지가 8(인치)가 된다.)

8. (1) **2500** (2.5㎥=2.5×1000000㎤=2500000㎖=2500ℓ)

    (2) **1.352** (135200㎣=135.2㎤=135.2㎖=1.352㎗)

9. **154배** (3.85톤=3850kg. 따라서 3850÷25=154)

1. **3** (꺾은선 그래프는 한 변수의 변화 추이를 아는 데 적합)
2. (1) **82.5** (85와 80의 중간 값은 82.5)

    (2) **85** (85는 세 번으로 가장 많이 등장)

    (3) **79.4** (모든 점수의 합에 8을 나누어 소수 첫째 자리까지 반올림하면, 79.4)

    (4) **막대 그래프** (과목끼리 서로 비교하기에 적합)
3. (1) **막대 그래프**

    (2) **70점대** (8명으로 가장 많다.)

    (3) **32%** (전체 수는 25명이고 80점 이상은 5+3=8명이므로, $\dfrac{8}{25} \times 100 = 32\%$)

    (4) **60점대** (70점 이상: 8+5+3=16명, 60점 이상: 16+4=20명)

4. $\dfrac{1}{6}$ (전체 경우의 수: 6×6=36, 둘 다 같은 것이 나올 경우: 둘 다 1,2,3,4,5,6 등 6가지. 따라서 $\dfrac{6}{36} = \dfrac{1}{6}$)

5. **18개** (백의 자리에 올 수 있는 것은 0은 제외한 3가지, 십의 자리에 올 수 있는 것은 남은 3가지, 일의 자리에 올 수 있는 것은 남은 2가지. 따라서 3×3×2=18)

초·중·고등 수학의 맥점

제2부 중등 수학
확인 문제 답안

1. 4 (건강에 좋다는 것은 객관적인 참, 거짓을 판별하기 어렵다.)

2. (1) $\{\,x\,|\,x$ 는 5의 배수인 25이하의 자연수$\}$

    (2) $\{1, 3, 5, 7, 9\}$

3. 3 (자연수는 모두 1보다 같거나 큰 가분수에 해당된다.)

4. $\{\}, \{0\}, \{1\}, \{2\}, \{3\}, \{0,1\}, \{0,2\}, \{0,3\}, \{1,2\}, \{1,3\}, \{2,3\},$
   $\{0,1,2\}, \{0,1,3\}, \{0,2,3\}, \{1,2,3\}, \{0,1,2,3\}$ (모두 $2 \times 2 \times 2 \times 2 = 16$개)

5. (1) $\{2,3,5,6,7,8,10,12,14\}$

    (2) $\{\}$

    (3) $\{3,5,7\}$

    (4) $\{1,9\}$

6. 11개 ($A \cup B \cup C = \{1,2,3,5,6,7,8,9,10,12,14\}$)

7. 3 ($A \subset B \rightarrow B^c \subset A^c$ 이다.)

8. (1) 아래 왼편 다이아그램의 색칠한 부분이 $(A \cup B)^c$, 오른편
       다이아그램의 색칠 부분(A^c)과 점들 부분(B^c)의 공통 부분이
       $A^c \cap B^c$ 이므로 서로 그 영역이 같다.

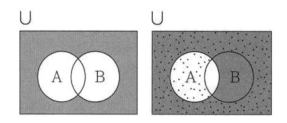

   (2) 아래 왼편 다이아그램의 색칠한 부분이 $(A \cap B)^c$, 오른편
       다이아그램의 색칠 색칠 부분(A^c)과 점들 부분(B^c)의 합이
       $A^c \cup B^c$ 이므로 서로 그 영역이 같다.

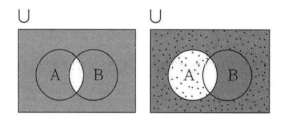

1. 1 ($x+1$은 항이 두 개)
2. (1) 3개
   (2) 3차식 (xy^2은 3차)
   (3) −7
   (4) 5 (2+3=5)
3. (1) $11x^2$
   (2) y ($6yx-2xy-6xy-2xy=4xy$ 임에 유의)
   (3) $-7x^3+x^2-x+9$
   (4) $2(a-2b)$ 또는 $2a-4b$
4. (1) $5x^3y^3$
   (2) $4xy$
   (3) $24x^7$ ($(4x^3)^2=16x^6$ 이므로, $\dfrac{3x^2\times16x^6}{2x}=24x^7$)
   (4) $8y^3$ ($\dfrac{8x^3y^9}{x^3y^6}=8y^3$)
5. (1) $x^2-4xy+4y^2$
   (2) $2x^2-18$
   (3) x^3+3x^2+3x+1 ($(x^2+2x+1)(x+1)$ 을 전개)
   (4) x^2-y^2-2y-1 ($x^2-(y+1)^2$ 을 전개)
6. (1) 39 ($a^2+b^2=(a+b)^2-2ab$ 를 이용)
   (2) 29 ($(a-b)^2=(a+b)^2-4ab$ 를 이용)

1. 2, 3 (1번은 미지수가 없어 항등식도 방정식도 아닌 등식, 4번은 미지수 값에 상관없이 항상 성립하는 항등식)
2. 2 ($4x-1=8$ 은 $4x=8+1$ 처럼 4보다 −1을 먼저 이항해야 한다.)
3. (1) $x=3$
   (2) $x=3$

(3) $x=5$

(4) $x=3$ ($12-4x=2x-6$ ➔ $18=6x$ ➔ $x=3$)

(5) $y=-1$ ($5-3y=2(y+5)$ ➔ $5-3y=2y+10$ ➔ $-5=5y$ ➔ $y=-1$)

4. (1) $x=1$, $y=2$

(2) $x=5$, $y=5$

(3) $x=\dfrac{1}{2}$, $y=-1$ ($2x-5y=6$의 양변에 2를 곱한 후, $4x-3y=5$와 두 등식의 좌변은 좌변끼리, 우변은 우변끼리 뺀다.)

(4) $x=8$, $y=6$ ($3x-2y=12$에는 양변에 2를 곱하고, $-2x+3y=2$ 에는 3을 곱한 다음 좌변은 좌변끼리, 우변은 우변끼리 각각 더한다.)

(5) $x=3$, $y=4$, $z=5$ ($x+y-z=2$에서 $x+y=z+2$이므로 $x+y+z=12$에 대입해보면, $2z+2=12$. 따라서 $z=5$.)

5. **12살** (지금 내 나이를 x, 형의 나이를 y라고 하면, $y=x+7$과 $y-5=2(x-5)$ 두 개의 식이 성립하므로 이 연립방정식을 푼다.)

6. **12분** (x시간 후에 둘이 만난다고 하면, 두 사람의 이동거리의 합 이 호수의 둘레 거리와 같으므로 $15x+5x=4$에서 $x=\dfrac{1}{5}$시간$=12$ 분)

7. $\dfrac{\mathbf{1159}}{\mathbf{330}}$ ($3.5\overset{..}{1}\overset{.}{2}=3.5+0.0\overset{..}{1}\overset{.}{2}=\dfrac{35}{10}+\dfrac{1}{10}\times 0.\overset{..}{1}\overset{.}{2}$. 그런데 $x=0.\overset{..}{1}\overset{.}{2}$ 라고 하면, $100x=12.\overset{..}{1}\overset{.}{2}$ 이므로 $100x-x=12$. 따라서 $x=\dfrac{12}{99}=\dfrac{4}{33}$. 그러므로, $3.5\overset{..}{1}\overset{.}{2}=\dfrac{35}{10}+\dfrac{4}{330}=\dfrac{35\times 33+4}{330}=\dfrac{1159}{330}$)

8. **16분 22초** (1분이 지날 때, 분침의 이동 각도는 $30°\div 5=6°$, 시침의 이동 각도는 $6°\times\dfrac{1}{12}=\dfrac{1}{2}°$. 따라서 x분 후에 분침과 시침이 겹치려면, $6x=90+\dfrac{1}{2}x$ ➔ $x=\dfrac{180}{11}$ ➔ $16\dfrac{4}{11}$. 따라서 16분 및 $\dfrac{4\times 60}{11}=\dfrac{240}{11}=21.8$초인데, 초의 소수점 이하를 반올림하면 22초)

9. **50%** (처음 과일의 무게를 x라고 하면, 그 수분의 무게는 $\dfrac{95}{100}x$. 그런데 y만큼 수분이 줄면 $(\dfrac{95}{100}x-y):(x-y)=90:100$ ➔ $y=\dfrac{1}{2}x$)

156

1. 1 (a^2의 제곱근은 a와 $-a$ 두 개이다.)

2. 4 ($\sqrt{3} \times \sqrt{3} = 3$으로 유리수이다.)

3. (1) $3\sqrt{2}$

   (2) 12 ($3\sqrt{2} \times \sqrt{8} = 3\sqrt{2} \times \sqrt{2^3} = 3\sqrt{2} \times 2\sqrt{2} = 12$)

   (3) $2\sqrt{30}$ ($\dfrac{4\sqrt{75}}{\sqrt{10}} = \dfrac{20\sqrt{3}}{\sqrt{10}} = \dfrac{20\sqrt{3} \times \sqrt{10}}{\sqrt{10} \times \sqrt{10}} = \dfrac{20\sqrt{30}}{10} = 2\sqrt{30}$)

   (4) $-10 - 4\sqrt{6}$

   ($\dfrac{\sqrt{8} + \sqrt{12}}{\sqrt{2} - \sqrt{3}} = \dfrac{2\sqrt{2} + 2\sqrt{3}}{\sqrt{2} - \sqrt{3}} = \dfrac{2(\sqrt{2} + \sqrt{3})^2}{2 - 3} = -2(5 + 2\sqrt{6}) = -10 - 4\sqrt{6}$)

4. (1) $3x(x - 2y)$

   (2) $(x - 6)^2$

   (3) $(3x + 2y)(3x - 2y)$ ($9x^2 - 4y^2 = (3x)^2 - (2y)^2$

   $= (3x + 2y)(3x - 2y)$)

   (4) $(3x - y)(x + 2y)$

   (5) $(x + 2)(x - 2)(x - 1)$ ($x^3 - x^2 - 4x - 4 = x^2(x - 1) - 4(x - 1) =$
   $(x^2 - 2^2)(x - 1) = (x + 2)(x - 2)(x - 1)$)

5. (1) $x = 0$ 또는 $x = \dfrac{5}{3}$ ($3x^2 - 5x = x(3x - 5) = 0$)

   (2) $x = \dfrac{3}{2}$ ($4x^2 - 12x + 9 = (2x - 3)^2 = 0$)

   (3) $x = \dfrac{3}{4}$ 또는 $x = -\dfrac{3}{4}$ ($16x^2 - 9 = 0 \rightarrow (4x + 3)(4x - 3) = 0$)

   (4) $x = 3 \pm \sqrt{29}$ ($x^2 - 6x - 20 = (x - 3)^2 - 29 = 0 \rightarrow x = 3 \pm \sqrt{29}$)

   (5) $x = 1 \pm \dfrac{1}{2}\sqrt{26}$ ($2x^2 - 4x - 11 = 0$에서 근의 공식을 쓰면,

   $\dfrac{-(-4) \pm \sqrt{(-4)^2 - 4 \times 2 \times (-11)}}{2 \times 2} = 1 \pm \dfrac{1}{2}\sqrt{26}$)

6. ± 4 (4 또는 -4) (근의 공식 안에서 제곱근 안의 부분,
   즉, 판별식 $D = (-a)^2 - 4 \times 2 \times 2 = a^2 - 16 = 0$이 되어야 근이 하나만

(중근) 가지므로 그 조건은 $a=4$ 또는 -4)

7. $a \geq -\dfrac{1}{3}$ (판별식 $D=(-2)^2-4\times3\times(-a)=4+12a \geq 0$이 되어야 최소

하나 이상의 근을 가지므로, $a \geq -\dfrac{1}{3}$이 되어야 한다)

8. (1) 5 ($\alpha^2-5\alpha+1=0$ 이므로 $\alpha^2+1=5\alpha$. α는 0이 될 수 없으므로
양변을 α로 나눈다)

   (2) 21 ($(\alpha-\dfrac{1}{\alpha})^2=(\alpha+\dfrac{1}{\alpha})^2-4$임을 이용)

🪐 2-5. 부등식

1. 2 ($-2<-1$이지만, 그 제곱들의 경우 $4>1$)
2. (1) $x>4$

   (2) $x \geq 4$

   (3) $x < \dfrac{9}{5}$

   (4) $x<6$ (-5를 이항할 때, 부등호가 바뀌어, $2x+3<15$)

3. (1) $-5<x<-2$

   (2) $-5 \leq x <-2$ ($x-9 \leq 3x+1$ → $x \geq -5$, $3x+1<2x-1$ → $x<-2$)

   (3) $-\dfrac{2}{3}<x<4$ ($x \geq \dfrac{1}{2}$: $2x-1<x+3$ → $x<4$, $x<\dfrac{1}{2}$: $-2x+1<x+3$

   → $x>-\dfrac{2}{3}$. 따라서 $-\dfrac{2}{3}<x<\dfrac{1}{2}$와 $\dfrac{1}{2} \leq x<4$를 합치면 $-\dfrac{2}{3}<x<4$)

   (4) $\dfrac{1}{4}<x<2$ ($1-x<3x$ → $x>\dfrac{1}{4}$, $x^2-4<0$ → $(x+2)(x-2)<0$

   → $-2<x<2$. 따라서 공통 영역은 $\dfrac{1}{4}<x<2$)

4. (1) $x>2$ 또는 $x<0$ ($3x(x-2)>0$)

   (2) $x=3$ ($(x-3)^2 \leq 0$이므로 $x=3$일 때만 성립)

   (3) $-\dfrac{3}{2}<x<\dfrac{3}{2}$ ($9-4x^2>0$ → $(2x+3)(2x-3)<0$)

   (4) x는 모든(임의의) 실수 ($x^2+x+1=(x+\dfrac{1}{2})^2+\dfrac{3}{4}>0$)

158

5. 3 ($x^2-3x+5=(x-\frac{3}{2})^2+\frac{11}{4}$ 이므로 항상 양이다.)

6. 2 ($x-2a>a(x+1)$ → $(1-a)x>3a$ 이 부등식이 $x<-6$과 같다면, $a>1$이면서 $\frac{3a}{1-a}=-6$이 성립. 따라서 $a=2$)

7. $x>1$ 또는 $x<\frac{1}{3}$ ($x\geq\frac{1}{2}$: $x+1-1<2x-1$ → $x>1$, $\frac{1}{2}>x\geq-1$:

$x+1-1<1-2x$ → $x<\frac{1}{3}$, $x<-1$: $-x-1-1<1-2x$ → $x<3$. 따라서,

전체적으로 그 해는 $x>1$ 또는 $x<\frac{1}{3}$)

8. **91개 이상** ($300x-22000>5000$ → $x>90$)

9. **2시간 40분 이하** (주차 후 1시간 시점부터 10분 단위의 초과 횟수를 x라고 하면, $5000+1000x\leq15000$ → $x\leq10$. 즉, 1시간 초과 시간이 100분 이하가 되어야 하므로 전체 시간은 2시간 40분 이하)

10. $5-\sqrt{5}$ **이상** $5+\sqrt{5}$ **이하** (한변의 길이를 x라고 하면, $x(10-x)\geq$ 20 → $x^2-10x+20\leq0$ → $5-\sqrt{5}\leq x\leq5+\sqrt{5}$)

🪐 2-6. 함수와 그래프

1. 4 ($x=0$인 하나의 값에 대해, $y=1$ 또는 $y=-1$ 두 개의 값이 대응되므로 함수가 아니다.)

2. $\{x \mid x\geq\frac{3}{4}\}$ ($x^2+x+1=(x+\frac{1}{2})^2+\frac{3}{4}\geq\frac{3}{4}$)

3. $(\frac{3}{2},6)$, $(-\frac{3}{2},-6)$ ($y=4x$를 $xy=9$에 대입하면, $4x^2=9$ → $x=\pm\frac{3}{2}$)

4. (1) $y=\frac{2}{3}x-2$ ($y=ax-2$에서 $x=3$→$y=0$이므로 $3a-2=0$)

   (2) $y=2x+2$ ($y=2x+b$에서 $x=-1$→$y=0$이므로 $b=2$)

   (3) $y=\frac{3}{2}x+2$ ($y=ax+2$에서 $x=-2$→$y=-1$이므로 $-2a+2=$ -1)

   (4) $y=-2x+9$ ($y=-2x+5$를 x축으로 2만큼 평행이동 시키면 기울기는 그대로이고 y절편은 $+4$만큼 이동되므로 $y=-2x+9$. 다른 해법으로 x대신 $x-2$를 넣어 정리해도 된다.)

(5) $y=2x-3$ ($y=-2x+3$ 을 x축 기준 대칭이동한 식은 기울기와 y절편 모두 부호가 바뀌므로 $y=2x-3$)

5. 4 ($a<0$ 이면 위로 볼록. 그런데, D>0이면 x절편이 2개)

6. (1) $y=\dfrac{1}{4}x^2-x$ (꼭지점이 (2,-1)을 지나므로 그 2차함수는 $y=a(x-2)^2-1$ 의 모양인데, 원점을 지나므로 0=4a-1 → $a=\dfrac{1}{4}$)

(2) $y=-x^2+2x-5$ ($y=x^2-2x+5=(x-1)^2+4$ 이므로 꼭지점은 (1,4). x축 기준으로 대칭이동된 꼭지점은 (1,-4)이고 방향은 반대이므로 $y=-(x-1)^2-4=-x^2+2x-5$. 다른 해법으로 y 대신 $-y$를 넣어 정리해도 된다.)

(3) $y=x^2+2x+5$ ($y=x^2-2x+5=(x-1)^2+4$ 이므로 꼭지점은 (1,4). y축 기준으로 대칭이동된 꼭지점은 (-1,4)이므로 $y=(x+1)^2+4=x^2+2x+5$. 다른 해법으로 x 대신 $-x$를 넣어 정리해도 된다.)

(4) $y=-x^2-2x+3$ (꼭지점은 (-1,4)이므로 $y-4=a(x+1)^2$ 이고, x절편 (1,0)을 지나므로, 0-4=4a에서 $a=-1$)

7. $\dfrac{7}{4}$ ($y=-3x^2+2x+1$ 와 $y=-x+b$ 가 만나면, $-3x^2+2x+1=-x+b$. 즉, $3x^2-3x+(b-1)=0$에서 하나의 근을 가지므로 D=9-12(b-1)=0. 따라서 $b=\dfrac{7}{4}$)

8. $\dfrac{21}{4}$ (두 그래프의 만나는 점은 $2x^2=5x+3$ → (2x+1)(x-3)=0 → $x-3$, $x--\dfrac{1}{2}$. 따라서 △AOB의 면적은 두 개의 삼각형의 면적의 합이므로 $\dfrac{1}{2}\times3\times3+\dfrac{1}{2}\times3\times\dfrac{1}{2}=\dfrac{18+3}{4}=\dfrac{21}{4}$)

160

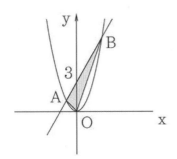

1. 3 (아래 그림의 두 이등변삼각형은 각들은 서로 같고 한 변의 길이가 서로 같은 것이 있지만 서로 합동이 되지는 않는다.)

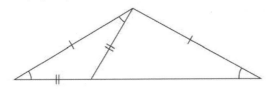

2. 아래 그림에서 삼각형의 AA닮음에 의해 $a:b=(a+c):(b+d)$.
   따라서 $a(b+d)=b(a+c)$ → $ad=bc$ → $a:b=c:d$.

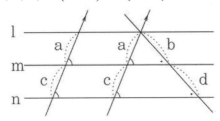

3. 아래 그림에서, 점D에서 변AC에 내린 수선의 발을 E라고 하면,
   △ADE와 △ABC가 AA닮음이므로 $\overline{AE}:\overline{EC}$=1:1. 따라서 $\overline{AE}=\overline{EC}$이고
   △ADE와 △DCE는 SAS합동이므로 ∠DAE=∠DCE. 그런데, ∠BDC=
   ∠DAE+∠DCE=2∠A

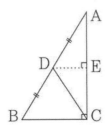

4. $\dfrac{7}{2}$ 또는 3.5 (아래 그림에서, ΔABC와 ΔDAC는 AA닮음.

따라서 BD의 길이를 x라고 하면, $(8-x):6=6:8$ → $8(8-x)=36$

→ $x=\dfrac{7}{2}$ 또는 3.5)

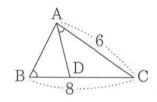

5. 1 (다음 그림에서, 내접원의 반지름을 r이라고 하고, 직각삼각형의
   합동 조건을 생각하면 $(3-r)+(4-r)=5$가 성립. 따라서 r=1이고
   이 때 원의 면적은 $\pi r^2=\pi$)

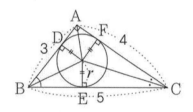

6. 아래 그림처럼 변AB와 변AC의 수직이등분선을 P라고 하면, 삼각형의
   SAS합동조건에 의해 $\overline{AP}$의 길이는 $\overline{BP}$, $\overline{PC}$의 길이와 같으므로
   ΔPBC는 이등변삼각형이 된다. 그런데, P에서 변BC에 수선의 발을
   내린 점을 D라고 할 때 직각삼각형의 합동조건에 의해 ΔPBD와
   ΔPCD는 서로 합동이 된다. 따라서 점D는 변BC의 수직이등분선.

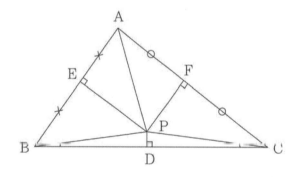

그 다음 삼각형ABC의 세 수선이 한 점(수심) P에서 만난다는 것을
보이자면, ΔABC의 각 변의 평행선들로 이루어진 외접삼각형을
그려본다. 이 때 점 P는 외접 삼각형의 수직이등분선들의 교점, 즉
외심이 되므로 CP의 연장선이 곧 변 AB에 내린 수선이 된다.

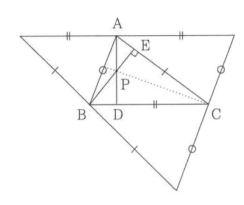

1. $30\ \mathrm{cm}^2$ (이 직각삼각형의 높이는 피타고라스의 정리에 의해,
   $\sqrt{13^2-5^2}=12\ \mathrm{cm}$. 따라서 그 면적은 $\dfrac{1}{2}\times5\times12=30\ \mathrm{cm}^2$)

2. 4 ($\sin45°=\cos45°<\cos30°<\sin65°=\cos25°<\tan65°=\dfrac{\sin65°}{\cos65°}$
   $=\dfrac{\cos25°}{\sin25°}$)

3. $\dfrac{5}{8}$ ($(\sin A+\cos A)^2=\sin^2A+\cos^2B+2\sin A\cdot\cos A=1+2\sin A\cdot\cos A=\dfrac{9}{4}$.
   따라서 $\sin A\cdot\cos A=\dfrac{5}{8}$)

4. 12 (사각형ABCD의 면적은 변 AB와 대각선 AC와 평행하는 선들로
   만들어진 아래 평행사변형의 면적의 절반에 해당한다. 그런데 그
   평행사변형의 면적의 절반은 $\dfrac{1}{2}\times8\times6\times\sin30°=12$)

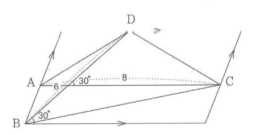

5. **$2\sqrt{13}$** (두 좌표 사이의 거리는 $\sqrt{\{4-(-2)\}^2+\{3-(-1)\}^2}=2\sqrt{13}$)

6. **$5\sqrt{3}$** (정육면체 밑면인 정사각형의 대각선은 $5\sqrt{2}$. 따라서

정육면체의 대각선 길이는 $\sqrt{(5\sqrt{2})^2+5^2}=5\sqrt{3}$)

7. **$11+5\sqrt{5}$** (밑변의 길이를 x라고 하면, 높이는 $2x$, 빗변은 $2x+1$.
피타고라스의 정리에 의해 $(2x+1)^2=(2x)^2+x^2$ → $x^2-4x-1=0$.
따라서 $x=2+\sqrt{5}$ (양의 근). 직사각형 둘레는 $x+2x+2x+1=5x+1$.
따라서 $5(2+\sqrt{5})+1=11+5\sqrt{5}$)

8. **$\dfrac{7}{10}$ cm** (직사각형의 빗변의 길이는 $\sqrt{3^2+4^2}=5$이다. 꼭지점 C와

빗변의 중점 D를 연결하는 선분의 길이는 빗변 길이의 절반인 $\dfrac{5}{2}$.

또한 꼭지점 C에서 빗변에 내린 수선의 길이는 삼각형의 면적 계산에

의해 $\dfrac{3\times4}{5}=\dfrac{12}{5}$. 따라서 피타고라스의 정리에 의해 DE의 길이는

$\sqrt{(\dfrac{5}{2})^2-(\dfrac{12}{5})^2}=\dfrac{7}{10}$ cm)

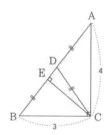

9. **$12\sqrt{11}$** (사각형 EFCD의 윗변 EF의 길이는 AB 길이의 절반인 4.
밑변 CD의 길이는 8. 이 사각형의 옆변 FC의 길이는 정삼각형의
수선의 길이로 $4\sqrt{3}$. 따라서 이 사각형의 높이는 피타고라스의 정리에

의해 $\sqrt{(4\sqrt{3})^2-2^2}=2\sqrt{11}$. 이 사다리꼴의 면적은 $\dfrac{1}{2}(8+4)\times2\sqrt{11}$

$=12\sqrt{11}$)

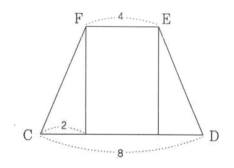

1. 15π (부채꼴의 반지름은 밑변 3cm, 높이 4cm인 직사각형의
    빗변의 길이와 같으므로 5가 되며, 부채꼴의 원주의 길이는 원뿔의
    밑면 원의 원주의 길이인 6π와 같으므로, 부채꼴의 면적은
    $\frac{1}{2} \times 5 \times 6\pi = 15\pi$)

2. 45° (다음 그림에서 원의 중심을 O라고 할 때, ∠AOB=360°-
    90°-90°-40°=140°. 그런데, ∠ACB=$\frac{1}{2}$∠AOB=70°. 따라서
    ∠ABC=180°-65°-70°=45°)

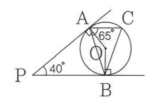

3. 12cm (아래 그림에서 두 원의 중심을 연결하는 선분을 빗변으로
    하는 직각삼각형에 피타고라스의 정리를 이용하면, 두 접점 사이의
    거리는 $\sqrt{13^2 - (10-5)^2}$ =12cm가 된다.)

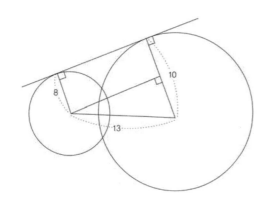

4. 아래 그림에서 ΔAOO′와 ΔBOO′는 SSS합동이다. 그런데 ∠O′AP와
    ∠O′BP는 이등변삼각형의 같은 두 각이므로 ΔAPO′와 ΔBPO′는
    ASA합동. 따라서 ∠APO′=90° 및 $\overline{AP} = \overline{PB}$

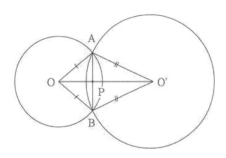

5. $\dfrac{21}{4}$ ($\overline{PA} \times \overline{PB} = (\overline{PT})^2$ 에서 $\overline{PB} = \dfrac{25}{2}$. 따라서 원의 반지름은

$(\dfrac{25}{2} - 2) \times \dfrac{1}{2} = \dfrac{21}{4}$)

6. $\dfrac{7}{2}$ ($\angle CDA = \angle ADB$. 따라서 $\overline{AC} = \overline{AB}$. $\overline{AC} : \overline{BD} = \overline{PC} : \overline{PB}$

따라서 $\overline{BD} = 2 \times (5 + 2) \div 4 = \dfrac{7}{2}$)

7. $2\sqrt{7} - 4$ (P에서 두 원의 접점에 이르는 거리 $\overline{PT}$ 의 제곱은
$\overline{PA} \times \overline{PB}$ 와 $\overline{PC} \times \overline{PD}$ 와 각각 같다. 따라서 $\overline{PC} = x$ 라고 하면,
$2(2 + 4) = x(x + 8)$ → $x = 2\sqrt{7} - 4$ (양의 근))

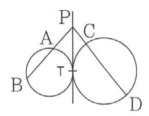

🪐 2-10. 확률

1.   (1)   10   ($_5C_3 = \dfrac{5 \times 4 \times 3}{3 \times 2 \times 1} = 10$)

(2)   60   ($_5P_3 = 5 \times 4 \times 3 = 60$)

(3)   30   ($_5P_4 \div 4 = 5 \times 4 \times 3 \times 2 \div 4 = 30$)

(4)   12   (염주를 만드는 방법은 원을 만드는 가지 수의 절반이므로

$_5P_5 \div 5 \div 2 = 5 \times 4 \times 3 \times 2 \times 1 \div 10 = 12$)

(5) $\dfrac{4}{5}$ (숫자의 합의 8이상이 되는 경우는 3,5와 4,5 등 두 가지

경우 뿐이며 그 확률은 $\dfrac{2}{10}=\dfrac{1}{5}$ 이므로 8미만이 될 확률은

$1-\dfrac{1}{5}=\dfrac{4}{5}$)

2. 40가지 (A에서 B까지 가는 방법은 $_3C_1$, B에서 C가지 가는 방법은

$_5C_2$, 따라서 A에서 B를 거쳐 C까지 가는 방법은 $_3C_1 \times _5C_2$.

A에서 C까지 가는 모든 (가장 빠른) 방법은 $_8C_4$ 가지이므로,

$_8C_4 - _3C_1 \times _5C_2 = 70-30=40$가지)

3. (1) $\dfrac{1}{1024}$ (다 맞힐 확률이므로 $(\dfrac{1}{4})^5 = \dfrac{1}{1024}$)

(2) $\dfrac{781}{1024}$ (0점 맞을 확률은 $(\dfrac{3}{4})^5 = \dfrac{243}{1024}$ 이므로 0점을 피할 확률은

$1-\dfrac{243}{1024}=\dfrac{781}{1024}$)

(3) $\dfrac{45}{512}$ (세 문제를 맞힐 확률은 $_5C_3 \times (\dfrac{1}{4})^3 \times (\dfrac{3}{4})^2 = \dfrac{90}{1024}=\dfrac{45}{512}$)

(4) $\dfrac{918}{1024}$ (60점 이상이 될 경우는 60점, 80점, 100점이므로

$1-(\dfrac{90}{1024}+\dfrac{15}{1024}+\dfrac{1}{1024})=\dfrac{918}{1024}$)

4. 70 (상수항은 $_8C_4 \times x^4 \times \dfrac{1}{x^4}$ 의 모양이므로 $_8C_4 =70$)

5. (1) $\dfrac{2}{7}$ ($\dfrac{_4C_2}{_7C_2}=\dfrac{2}{7}$)

(2) $\dfrac{4}{7}$ ($\dfrac{_4C_3 \times _3C_2}{_7C_5}=\dfrac{4}{7}$)

(3) 35가지 ($\dfrac{_7P_7}{_4P_4 \times _3P_3}=\dfrac{7!}{4! \times 3!}=35$)

(4) 8가지 (2가지를 중복하여 뽑을 수 있으므로 $2 \times 2 \times 2=8$ 가지)

6. $\dfrac{2}{3}$ (서로 비길 경우란 셋 다 같은 것을 내는 경우 3가지와

    셋 다 서로 다른 것을 내는 경우 3×2×1=6가지를 합한 9가지이다.

    따라서 승부가 결정될 확률은 $1-\dfrac{9}{3\times3\times3}=\dfrac{2}{3}$)

초·중·고등 수학의 맥점

제3부 고등 수학
확인 문제 답안

1. 2 (참, 거짓을 분별할 수 없는 것은 명제가 아니다.)

2. 역: "짝수이면 6의 배수이다." – 거짓

    이: "6의 배수가 아니면 짝수가 아니다(홀수이다)." – 거짓

    대우: "짝수가 아니면(홀수이면) 6의 배수가 아니다." – 참

3. 충분(조건) (6의 배수 → 짝수. 하지만 그 역은 성립하지 않는다.)

4. (1) $-4+7i$ ($2-6+3i+4i=-4+7i$)

    (2) $\dfrac{8}{5}-\dfrac{1}{5}i$ ($\dfrac{(2+3i)(1-2i)}{(1+2i)(1-2i)}=\dfrac{8-i}{5}$)

    (3) $-6\sqrt{6}$ ($\sqrt{12}i\times\sqrt{18}i=-6\sqrt{6}$)

    (4) $\dfrac{\sqrt{6}-2\sqrt{3}}{7}-\dfrac{(3+2\sqrt{2})}{7}i$ ($\dfrac{\sqrt{2}-\sqrt{3}i}{\sqrt{3}+2i}=\dfrac{(\sqrt{2}-\sqrt{3}i)(\sqrt{3}-2i)}{(\sqrt{3}+2i)(\sqrt{3}-2i)}$

    $=\dfrac{\sqrt{6}-2\sqrt{3}-(3+2\sqrt{2})i}{3+4}=\dfrac{\sqrt{6}-2\sqrt{3}}{7}-\dfrac{(3+2\sqrt{2})}{7}i$)

5. $4-3i$ ($z=a+bi$ 라고 하면, $\bar{z}=a-bi$. 따라서 $(1+i)(a-bi)-i(a+bi)$ $=3i-2$. 이 식을 정리하면, $(a+2b+2)-(b+3)i=0$ → $a=4$, $b=-3$)

6. (1) $(x^2+y^2)(x^2-y^2+2xy)$ ($(x^4-y^4)+2xy(x^2+y^2)=$
    $(x^2+y^2)(x^2-y^2)+2xy(x^2+y^2)=(x^2+y^2)(x^2-y^2+2xy)$)

    (2) $(x-1)(x+2)^2$ ($x^3-x^2+4x^2-4=x^2(x-1)+4(x+1)(x-1)=$
    $(x-1)(x^2+4x+4)=(x-1)(x+2)^2$)

    (3) $(x+1)(x^6-x^5+x^4-x^3+x^2-x+1)$ ($x=-1$을 대입하면 성립)

    (4) $(x+y+2)(x^2+y^2-xy-2x-2y+4)$ ($x^3+y^3+2^3-3(2xy)$ 형)

7. $a=-1$, $b=0$ ($x^2-1=(x+1)(x-1)$로 나누어 떨어지면 $x=1$과 $x=-1$을 대입할 때 성립. 즉, $1+1-1+a+b=0$, $-1+1-1-a+b=0$ 두 식이 성립. 따라서 이 연립방정식을 풀면 $a=-1, b=0$)

8. 몫: x^2-2x+3, 나머지: -4 ($2x+1=0$ → $x=-\dfrac{1}{2}$. 따라서 다음 방식의

    조립제법을 해보면, $2x^3-3x^3+4x-1=(x+\dfrac{1}{2})(2x^2-4x+6)-4=$

    $(2x+1)(x^2-2x+3)-4$ 가 되므로 몫은 x^2-2x+3, 나머지는 -4)

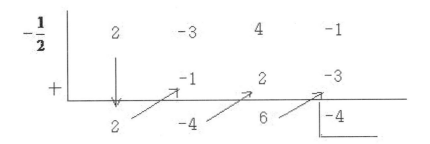

9. 108, 120 (세 자리 자연수 $p=11q+q$ $(q<11)$형태라 하면, $p=12q$ $(q<11)$인 세자리 자연수이므로, $q=9 \rightarrow p=108$, $q=10 \rightarrow p=120$ 두 가지 경우 뿐이다.)

10. **최대공약수: x^2+x+2** (아래와 같이 유클리드의 호제법을 쓴다. 단, $-6x^2-6x-12=-6(x^2+x+2)$의 경우 숫자 -6은 공약수에 해당하지 않으므로 이를 제외시키고 계속해나간다.)

$$
\begin{array}{c|c|c}
3 & 3x^3+\quad\quad 3x-6 & x^3+2x^2+3x+2 \quad\Big| \quad x\\
  & 3x^3+6x^2+9x+6 & x^3+\quad x^2+2x \\
\hline
  & \quad -6x^2-6x-12 & x^2+\ x\ +2 \\
1 & \rightarrow\quad x^2+\ x\ +2 & \\
  & \quad\quad x^2+\ x\ +2 & \\
\hline
  & \quad\quad\quad\quad\quad 0 &
\end{array}
$$

3-2. 다양한 방정식과 부등식

1. **$1-\sqrt{2}$, $\dfrac{1}{2}$** (한 근이 $1+\sqrt{2}$이면 그 켤레근인 $1-\sqrt{2}$도 근이 되므로, $\{x-(1+\sqrt{2})\}\{x-(1-\sqrt{2})\}=x^2-2x-1$를 인수로 가진다. $-2x^3+5x^2-1$을 x^2-2x-1로 나누어보면 몫이 $-2x+1$이 된다. 즉, $-2x^3+5x^2-1=(x^2-2x-1)(-2x+1)$이므로 $\dfrac{1}{2}$도 근이 된다.)

2. (1) $2,1,-1,-2$ ($(x^2-1)(x^2-4)=(x+1)(x-1)(x+2)(x-2)=0$)

   (2) $0, -1$ ($2x^2(x^3+3x^2+3x+1)=2x^2(x+1)^3=0$)

   (3) $\dfrac{3\pm\sqrt{5}}{2}$ ($x=0$은 근이 아니므로 x^2을 양변에 나누어보면,

$x^2 + \dfrac{1}{x^2} - 3(x + \dfrac{1}{x}) + 2 = 0$. $x + \dfrac{1}{x} = t$로 치환하면, 이 식은

$t^2 - 3t = 0$가 되어 $t = 0$ 또는 3. 그런데 $x + \dfrac{1}{x} = 0 \to x^2 + 1 = 0$여서

실근이 없고, $x + \dfrac{1}{x} = 3 \to x^2 - 3x + 1 = 0 \to x = \dfrac{3 \pm \sqrt{5}}{2}$)

(4) 1, -1, $\dfrac{-3 \pm \sqrt{5}}{2}$ ($x = -1$은 근이 되므로, $(x+1)$로 나누어보면

그 몫이 $x^4 + x^3 - 4x^2 + x + 1 = x^2 \{x^2 + \dfrac{1}{x^2} + (x + \dfrac{1}{x}) - 4\}$. 여기서

$x + \dfrac{1}{x} = t$로 치환하면 이 식은 $t^2 + t - 6 = (t + 3)(t - 2)$. 따라서

$x + \dfrac{1}{x} = 2 \to x = 1$, $x + \dfrac{1}{x} = -3 \to x = \dfrac{-3 \pm \sqrt{5}}{2}$의 근들을 얻는다.)

3. (1) $x = 3$ 또는 $x = -1$ (주어진 식 $= \dfrac{x^2 - 2x - 3}{x^2} = \dfrac{(x+1)(x-3)}{x^2} = 0$)

(2) $x = -1$ (주어진 식을 분모 $x^2 - 4 = (x+2)(x-2)$로 통분하면,

$\dfrac{-7x - 10 - 2(x^2 - 4) + 3x(x + 2)}{x^2 - 4} = \dfrac{x^2 - x - 2}{x^2 - 4} = \dfrac{(x+1)(x-2)}{(x+2)(x-2)} = 0$)

(3) $x = \dfrac{5}{4}$ ($\sqrt{x+1} = \sqrt{x-1} + 1$의 양변을 제곱하면, $x + 1 = x + 2\sqrt{x-1}$

$\to \sqrt{x-1} = \dfrac{1}{2} \to x = \dfrac{5}{4}$. 이 값을 원 식에 넣으면 성립.)

(4) $x = 1$ (양 변을 제곱하면, $x = x^2 - 4x + 4 \to (x-1)(x-4) = 0$

그런데 $x = 4$는 원 식에 대입하면 성립하지 않는 무연근.)

4. 27 (양변에 x를 나누면, $x - \dfrac{1}{x} = 5$의 관계가 성립. 그러므로

$x^2 + \dfrac{1}{x^2} = (x - \dfrac{1}{x})^2 + 2 = 27$)

5. 2 (주어진 식을 분모 $2x(x+1)$로 통분하면, $\dfrac{2x^2 + (a+2)x - 4}{2x(x+1)} = 0$

분자의 식은 판별식 D$= (a+2)^2 + 32 > 0$이므로 두 근을 가진다.
그런데 $x = -1$을 분자에 대입하면, $a = -4$. 이 때 분자의 식은
$(x+1)(x-2)$로 인수분해 된다. 따라서 이 때 실근은 2뿐이다.)

6. 0과 $\dfrac{1}{2}$ (양 변을 제곱하면, $x - 1 = k^2 x^2 \to k^2 x^2 - x + 1 = 0$

그런데 이 식이 하나의 근을 가지려면 $k=0$, 아니면 이 2차식이

중근을 가질 조건 D=$1-4k^2=0$ → $k=\pm\frac{1}{2}$. 그런데 $k=-\frac{1}{2}$의 경우는

$x\geq1$에 대해 (좌측)≥0, (우측)<0이 되므로, $k=\frac{1}{2}$의 경우만 성립)

7. (1) $x>2$ 또는 $x<-2$ ($(x^2+4)(x+2)(x-2)>0$)

 (2) $-1<x\leq1$ ($\frac{(x-1)^3}{x+1}=\frac{(x-1)^2(x-1)}{x+1}\leq0$)

 (3) $x<1$ ($x\leq0$인 경우는 좌변이 0 이상이므로 항상 성립.
 $x>0$ 인 경우를 살펴보자. 양변을 제곱하면, $2-x>x^2$
 → $(x+2)(x-1)<0$ 따라서 $0<x<1$인 경우가 성립. 따라서
 전체적으로 $x<1$이 해가 된다.)

 (4) $x>3$ 또는 $x<-3$ ($x\geq0$ → $x^2-2x-3=(x-3)(x+1)>0$ 따라서
 $x>3$. 반면 $x<0$ → $x^2+2x-3=(x+3)(x-1)>0$ 따라서 $x<-3$)

8. (1) $(\sqrt{a}-\frac{1}{\sqrt{a}})^2\geq0$. 따라서 $a+\frac{1}{a}-2\geq0$ → $a+\frac{1}{a}\geq2$

 (2) $\frac{1}{2}\{((a-b)^2+(b-1)^2+(1-a)^2\}\geq0$. 따라서 이를 전개하면,
 $a^2+b^2+1-ab-b-a\geq0$. 그러므로 $a^2+b^2\geq ab+a+b-1$

 (3) (좌변)-(우변)= $a_1b_1+a_2b_2-a_1b_2-a_2b_1=(a_1-a_2)(b_1-b_2)$.
 그런데, $a_1\geq a_2, b_1\geq b_2$이므로 이 식은 0보다 같거나 크다.
 따라서 (좌변)$\geq$(우변)

 (4) 좌변-우변=$a^3+b^3+c^3-3abc$
 $= (a+b+c)(a^2+b^2+c^2-ab-bc-ca)$
 $=\frac{1}{2}(a+b+c)\{(a-b)^2+(b-c)^2+(c-a)^2\}\geq0$
 ($(a+b+c)\geq0$는 조건)

3-3. 좌표와 그래프

1. $(-\frac{2}{3}, \frac{2}{3})$ (A와 B의 중점의 좌표는 $(\frac{-2-4}{2},\frac{-1+2}{2})=(-3, \frac{1}{2})$.
 그런데 무게중심은 점 C와 이 중점을 연결하는 선분을 2:1로

173

내분하는 점이므로 그 좌표는 $(\dfrac{1\times4+2\times(-3)}{3}, \dfrac{1\times1+2\times\frac{1}{2}}{3})=(-\dfrac{2}{3}, \dfrac{2}{3})$)

2. (1) $y=2x$ ($y=2x+b$ 에 $x=1$, $y=2$를 대입하면, $b=0$)

   (2) $y=-\dfrac{1}{2}x+\dfrac{5}{2}$ ($y=-\dfrac{1}{2}+b$ 에 $x=1$, $y=2$를 대입하면 $b=\dfrac{5}{2}$)

   (3) $y=2x\pm\sqrt{5}$ ($y=2x+b$ 를 $x^2+y^2=1$에 대입하면,

   $x^2+(2x+b)^2=1$. 따라서 $5x^2+4bx+(b^2-1)=0$이 중근을 가질

   조건을 조사하면, $(4b)^2-20(b^2-1)=0$ ➔ $b=\pm\sqrt{5}$)

   (4) $y=-\dfrac{1}{2}x+\dfrac{5}{2}$ (원의 중심과 (1,2)를 지나는 직선의 기울기는 2.

   따라서 그 점에서의 접선의 기울기는 $-\dfrac{1}{2}$. 따라서 $y=-\dfrac{1}{2}+b$ 에

   $x=1$, $y=2$를 대입하면 $b=\dfrac{5}{2}$)

3. (1) $\dfrac{\sqrt{10}}{2}$ (원점 (0,0)과 직선 $3x-y-5=0$ 사이의 거리는 공식에

   대입하면, $\dfrac{|-5|}{\sqrt{3^2+1^2}}=\dfrac{5}{\sqrt{10}}=\dfrac{\sqrt{10}}{2}$)

   (2) $\sqrt{3}$ (원은 중심이 (2,0), 반지름이 1이다.
   원점에서 그 원에 그은 접선의 접점까지의 거리는 피타고라스

   정리에 의해 $\sqrt{2^2-1^2}=\sqrt{3}$)

4. (1) $(x-3)^2+(y+1)^2=13$ (원의 중심은 두 점 (1,2)와 (5,-4)의 중

   점이므로 그 좌표는 $(\dfrac{1+5}{2}, \dfrac{2-4}{2})=(3,-1)$. 원의 반지름은 (3,-1)

   과 (5,-4)의 거리를 구하면 $\sqrt{(5-3)^2+(-4+1)^2}=\sqrt{13}$.)

   (2) $-3x^2-3y^2-4x+2y=0$ (두 원의 교점을 지나는 원의 식은
   $k(x^2+y^2-1)+(x-2)^2+(y+1)^2-9=0$ 형태인데, 원점을 지나므
   로 $x=y=0$을 대입하면 $k=-4$. 따라서 식을 성리하면,
   $-3x^2-3y^2-4x+2y=0$)

5. $(x-1)^2+y^2<4$는 중심이 (1,0) 반지름이 2인 원의 내부이며,

   $4x-y-2<0$ 즉, $y>4x-2$는 $y=4x-2$의 윗부분이므로, 아래 그림의
   색이 들어간 부분이 두 부등식의 공통 영역

174

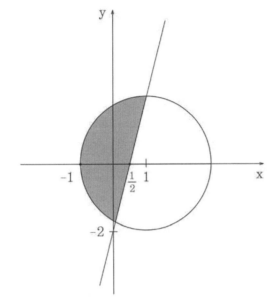

6.　(1)　$-2x+7$　$(\ (f\circ g)(x)=f(g(x))=2g(x)-1=2(-x+4)-1=-2x+7\ )$

(2)　$x^2-8x+14$　$(\ (h\circ g)(x)=(-x+4)^2-2=x^2-8x+14\ )$

(3)　$\dfrac{1}{2}x+\dfrac{1}{2}$　$(\ x=2y-1\ \to\ y=\dfrac{1}{2}x+\dfrac{1}{2}\ )$

(4)　$-\dfrac{1}{2}x+\dfrac{7}{2}$　$(\ (1)$에서 $x=-2y+7\ \to\ y=-\dfrac{1}{2}x+\dfrac{7}{2}\ )$

7.　(1)　$y=\sqrt{2x-6}-3$　$(\ x$대신 $x-3,\ y$대신 $y+2$를 대입 $)$

(2)　$y=\sqrt{-2x}-1$　$(\ x$대신 $-x$를 대입 $)$

(3)　$y=-\sqrt{-2x}+1$　$(\ x$대신 $-x,\ y$대신 $-y$를 대입 $)$

8.　(1)　$f(0)=f(0+0)=f(0)+f(0)=f(0)$. 따라서 $f(0)=0$

(2)　$f(x)+f(-x)=f(x-x)=f(0)=0$. 따라서 $-f(x)=f(-x)$

(3)　$f(a-b)=f(a)+f(-b)=f(a)-f(b)$

(4)　$f(na)=f(a+a+...<n$번$>)=f(a)+f(a)+...<n$번$>=nf(a)$

(5)　(2)에서 $-f(-x)=f(x)$이므로 원점에 대해 대칭

(6)　임의의 자연수 n에 대해 $f(x)=nx$는 $f(a+b)=n(a+b)=na+nb$
　　$=f(a)+f(b)$. 따라서 이런 함수는 무수히 많다.

1. 3 (홀수 번째 자리 수의 수들의 합에 짝수 번째 자리수들의 합을 빼면 3-2=1로 11로 나누어 떨어지지 않는다.)

2. **7의 배수이다.** (스펜스 방법을 써보면, 2248641-5×2=2248631, 224863-2=224861, 22486-2=22484, 2248-8=2240, 22-8=14)

3. 두 자리수를 $10a+b$로 표현하면, $10a+b-(10b+a)=9(a-b)$이므로 그 차이 값은 $9|a-b|$임으로 9의 배수가 된다.

4. 36개, 6045 ($1800=2^3×3^2×5^2$이므로 약수들은 $(1+2+2^2+2^3)×$ $(1+3+3^2)×(1+5+5^2)$의 전개항들이다. 따라서 그 개수는 4×3×3=36개이며, 약수들의 총 합은 15×13×31=6045)

5. x=2100, y=70 ($63000=2^3×3^2×5^3×7$이므로 이 수가 완전제곱수가 되려면 2×5×7=70을 곱해주어야 하므로 y=70. 따라서 $x=2^2×3×5^2×7=2100$)

6. (1) 1

   (2) 3 ($3^2≡1$ (mod 8) → $(3^2)^{61}×3≡1×3$ (mod 8))

   (3) 1 (321은 소수인 13의 배수가 아니므로 페르마의 정리에 의해, $321^{12}=321^{13-1}≡1$ (mod 13))

   (4) 8 ($1212≡2$ (mod 11). 즉, 1212는 11의 배수가 아니다. 따라서 페르마의 정리에 의해 $1212^{10}≡1$ (mod 11) → $(1212^{10})^{12}≡1$ (mod 11). 따라서 $1212^{123}≡1212^3≡2^3$(mod 11))

7. b와 c의 공약수를 k라고 하자. 즉, $k|b$, $k|c$이다. 그런데, $c|a$ 이므로 $k|a$도 성립. 따라서 k는 a, b의 공약수이다. 그런데 a, b는 서로 소이므로 k=1. 즉, $k|b$, $k|c$ → k=1이므로 b, c는 서로 소 이다.

8. 연속하는 두 자연수의 작은 수를 n이라 하자. 이 때, 두 수의 합 $n+(n+1)=2n+1=m^2$라고 하면, m은 홀수이므로 $m=2k+1$이라 희지. $m^2=4k^2|4k|1$ → $2n=4k(k+1)$ → $n-2k(k+1)$. 그런데, $k(k+1)$은 연속하는 두 자연수로 짝수이므로 n은 4의 배수이다.

9. 3 (x=6일 때, x^2=36은 4의 배수이지만 6은 4의 배수가 아니 다.)

10. 1) n=1일 때는 $1^2=\dfrac{1}{6}×1×2×3$이므로 성립

2) $n=k$ 일 때 $1^2+2^2+3^2+\cdots+k^2=\dfrac{1}{6}k(k+1)(2k+1)$ 이 성립한다고 가정하자.

3) $n=k+1$인 경우에는,

$$1^2+2^2+3^2+\cdots+k^2+(k+1)^2=\dfrac{1}{6}k(k+1)(2k+1)+(k+1)^2=$$

$$\dfrac{1}{6}(k+1)\{k(2k+1)+6(k+1)\}=\dfrac{1}{6}(k+1)(2k^2+7k+6)=$$

$$\dfrac{1}{6}(k+1)(k+2)(2k+3)=\dfrac{1}{6}(k+1)\{(k+1)+1\}\{(2(k+1)+1\}$$ 이므로

역시 성립. 따라서 모든 자연수 n에 대해 성립.

🪐 3-5. 수열

1. (1) $2n+1$, $n(n+2)$ ($a_n=3+2(n-1)=2n+1$, $S_n=\dfrac{n\{3\cdot2+2(n-1)\}}{2}$
$=n(n+2)$)

(2) $2n-1$, n^2 ($a_n=a+(n-1)d$에 $n=3$을 대입하면 $a+2d=5$,
$n=7$을 대입하면 $a+6d=13$. 따라서 $a=1$, $d=2$ → $a_n=2n-1$,
$S_n=\dfrac{n\{1\cdot2+2(n-1)\}}{2}=n^2$)

(3) $3\cdot2^{n-1}$, $3(2^n-1)$ ($a_n=3\cdot2^{n-1}$, $S_n=\dfrac{3(2^n-1)}{2-1}=3(2^n-1)$)

(4) $\dfrac{1}{2}n^2-\dfrac{1}{2}n+3$, $\dfrac{1}{6}n(n^2+17)$ ($a_n=a_1+\displaystyle\sum_{k=1}^{n-1}b_k$ 이므로,

$3+\dfrac{n(n-1)}{2}=\dfrac{1}{2}n^2-\dfrac{1}{2}n+3$, $S_n=\dfrac{1}{2}\displaystyle\sum_{k=1}^{n}k^2-\dfrac{1}{2}\sum_{k=1}^{n}k+3n=$

$\dfrac{n(n+1)(2n+1)}{12}-\dfrac{n(n+1)}{4}+3n=\dfrac{n(n+1)(2n+1)-3n(n+1)+36n}{12}=$

$\dfrac{1}{6}n(n^2+17)$)

2. $\dfrac{3}{3-2n}$ ($\dfrac{1}{a_n}=\dfrac{1}{3}-\dfrac{2}{3}(n-1)=\dfrac{3-2n}{3}$. 따라서 $a_n=\dfrac{3}{3-2n}$)

3. $\dfrac{1}{20},\dfrac{1}{16},\dfrac{1}{12},\dfrac{1}{8}$ (24와 4 사이에 4개의 수가 들어가 등차수열을

177

이루게 되며 그 공차는 $\dfrac{4-24}{5}=-4$. 즉, $...24,20,16,12,8,4...$

따라서 원래의 조화수열은 $...,\dfrac{1}{20},\dfrac{1}{16},\dfrac{1}{12},\dfrac{1}{8},...$)

4. $2\cdot3^{n-1}$ $\Big(S_3=\dfrac{a(r^3-1)}{r-1}=a(r^2+r+1)=26,\ S_6=\dfrac{a(r^6-1)}{r-1}=$

$\dfrac{a(r^3+1)(r^3-1)}{r-1}=a(r^2+r+1)(r^3+1)=728 \rightarrow r^3+1=\dfrac{728}{26}=28$

따라서 $r=3.\ a=2$을 얻는다. 그러므로 $a_n=2\cdot3^{n-1}$)

5. (1) $\dfrac{3}{4}-\dfrac{2n+3}{2(n+1)(n+2)}$ $\Big(\dfrac{1}{2}\{(\dfrac{1}{1}-\dfrac{1}{3})+(\dfrac{1}{2}-\dfrac{1}{4})+(\dfrac{1}{3}-\dfrac{1}{5})+...$

$...+(\dfrac{1}{n-1}-\dfrac{1}{n+1})+(\dfrac{1}{n}-\dfrac{1}{n+2})\}=\dfrac{1}{2}\{\dfrac{1}{1}+\dfrac{1}{2}-\dfrac{1}{n+1}-\dfrac{1}{n+2}\}=$

$\dfrac{3}{4}-\dfrac{2n+3}{2(n+1)(n+2)}$)

(2) $\dfrac{n(n+1)(n+2)(n+3)}{4}$ $\Big(k(k+1)(k+2)=\dfrac{1}{4}k(k+1)(k+2)\{(k+3)$

$-(k-1)\}=\dfrac{1}{4}\{k(k+1)(k+2)(k+3)-(k-1)k(k+1)(k+2)\}$에서

$\displaystyle\sum_{k=1}^{n}k(k+1)(k+2)=\dfrac{1}{4}\{n(n+1)(n+2)(n+3)-0\}=\dfrac{n(n+1)(n+2)(n+3)}{4}$)

(3) $\dfrac{1}{4}-\dfrac{1}{2(n+1)(n+2)}$ $\Big(\dfrac{1}{2}\{(\dfrac{1}{1\cdot2}-\dfrac{1}{2\cdot3})+(\dfrac{1}{2\cdot3}-\dfrac{1}{3\cdot4})+...$

$...+(\dfrac{1}{(n-1)n}-\dfrac{1}{n(n+1)})+(\dfrac{1}{n(n+1)}-\dfrac{1}{(n+1)(n+2)})\}=$

$\dfrac{1}{2}\{\dfrac{1}{1\cdot2}-\dfrac{1}{(n+1)(n+2)}\}=\dfrac{1}{4}-\dfrac{1}{2(n+1)(n+2)}$)

6. $\dfrac{n(2n^2+5n+5)}{2}$ $\Big(\displaystyle\sum_{k=1}^{n}(1+2k+3k^2)=n+2\sum_{k=1}^{n}k+3\sum_{k=1}^{n}k^2=n+n(n+1)+$

$\dfrac{1}{2}n(n+1)(2n+1)=\dfrac{1}{2}n\{2+2(n+1)+(n+1)(2n+1)\}=$

$\dfrac{n(2n^2+5n+5)}{2}\}$)

7. 2 ($(1),(1,2),(1,2,3),(4,5,6,7),...$와 같이 수열의 군(group)을

178

설정해 놓으면, 각 군의 수의 개수는 1,2,3,4,....가 된다. 원래 주어진 수열의 30번째 항은 몇 번째 군에 해당되는 지를 알아보자.

$1+2+...+n = \dfrac{n(n+1)}{2} \geq 30$이 되는 최초의 자연수 n은 8이므로,

30번째 항은 8번째 군에 속한다. 7번째 군의 마지막 수는 $\dfrac{7(7+1)}{2} =$

28번째 항. 따라서 30번째 항은 8번째 군의 두 번째 수인 2.)

8. $a_1=1$, $a_2=1$, $a_1+a_2=a_3$, $a_2+a_3=a_4$, ... , $a_n+a_{n+1}=a_{n+2}$.

따라서 각 좌변들을 모두 더하면 $2S_n - a_1 + a_{n+1}$, 각 우변들을

모두 더하면 $S_n - a_1 - a_2 + a_{n+1} + a_{n+2}$ 이므로, 좌변=우변에서

$S_n = a_{n+2} - a_2 = a_{n+2} - 1$

9. $\dfrac{1}{3} n(n^2+2)$ ($a_2=a_1+2\times1$. $a_3 = a_2+2\times2$, ..., $a_n = a_{n-1}+2\times(n-1)$

따라서, 양변끼리 모두 더하면 $a_n = a_1 + 2\dfrac{n(n-1)}{2} = n^2-n+1$

따라서 $S_n = \dfrac{1}{6}n(n+1)(2n+1) - \dfrac{1}{2}n(n+1) + n = \dfrac{1}{3}n(n^2+2)$)

3-6. 행렬

1. (1) $\begin{pmatrix} -1 & 3 \\ 6 & 3 \end{pmatrix}$ ($\begin{pmatrix} 1-2 & 2+1 \\ 3+3 & 4-1 \end{pmatrix}$)

   (2) $\begin{pmatrix} 3 \\ 5 \end{pmatrix}$ ($\begin{pmatrix} 1\times(-1)+2\times2 \\ -1\times3+4\times2 \end{pmatrix}$)

   (3) $\begin{pmatrix} 1 & 2 \\ 3 & 4 \end{pmatrix}$ ($\begin{pmatrix} 1\times1+2\times0 & 1\times0+2\times1 \\ 3\times1+4\times0 & 3\times0+4\times1 \end{pmatrix}$)

   (4) $\begin{pmatrix} -1 & 0 \\ 1 & 0 \end{pmatrix}$ ($\begin{pmatrix} -1\times1+2\times3-3\times2 & -1\times(-1)+2\times(-2)-3\times(-1) \\ 4\times1-5\times3+6\times2 & 4\times(-1)-5\times(-2)+6\times(-1) \end{pmatrix}$)

2. 3 ($(A+B)(A-B)=A(A-B)+B(A-B)=AA-AB+BA-BB$. 여기서 AB와 BA는 같은 행렬이 아님에 유의)

179

3. (1) −2 (1×4−2×3=−2)

  (2) −12 (1{0×(−1)−(−2)×1}−2{2×(−1)−(−2)×3}−3(2×1
    +0×3)=2−8−6=−12)

4. $\dfrac{1}{2}$ ($\begin{pmatrix} 1 & 0 \\ 0 & 1 \end{pmatrix} = \begin{pmatrix} 1 & -2 \\ -1 & 3 \end{pmatrix}^{-1} \begin{pmatrix} 1 & -2 \\ -1 & 3 \end{pmatrix} = \mathrm{x} \begin{pmatrix} 6 & 4 \\ 2 & 2 \end{pmatrix} \begin{pmatrix} 1 & -2 \\ -1 & 3 \end{pmatrix} = \mathrm{x} \begin{pmatrix} 2 & 0 \\ 0 & 2 \end{pmatrix}$)

5. (1) $\begin{pmatrix} 2 & -3 \\ 1 & 2 \end{pmatrix} \begin{pmatrix} x \\ y \end{pmatrix} = \begin{pmatrix} -1 \\ 5 \end{pmatrix}$

  (2) $\begin{pmatrix} x \\ y \end{pmatrix} = \begin{pmatrix} 2 & -3 \\ 1 & 2 \end{pmatrix}^{-1} \begin{pmatrix} 2 & -3 \\ 1 & 2 \end{pmatrix} \begin{pmatrix} x \\ y \end{pmatrix} = \begin{pmatrix} 2 & -3 \\ 1 & 2 \end{pmatrix}^{-1} \begin{pmatrix} -1 \\ 5 \end{pmatrix} =$

$$\dfrac{1}{2\times2-(-3)\times1} \begin{pmatrix} 2 & 3 \\ -1 & 2 \end{pmatrix} \begin{pmatrix} -1 \\ 5 \end{pmatrix} = \dfrac{1}{7} \begin{pmatrix} 2\times(-1)+3\times5 \\ (-1)\times(-1)+2\times5 \end{pmatrix} = \begin{pmatrix} \dfrac{13}{7} \\ \dfrac{11}{7} \end{pmatrix}$$

  따라서 $x = \dfrac{13}{7}$, $y = \dfrac{11}{7}$

6. $(\dfrac{1}{2} - \sqrt{3}, \dfrac{\sqrt{3}}{2} + 1)$ ($\begin{pmatrix} \cos\theta & -\sin\theta \\ \sin\theta & \cos\theta \end{pmatrix}$의 역행렬을 구해보면,

$\dfrac{1}{\cos^2\theta + \sin^2\theta} \begin{pmatrix} \cos\theta & \sin\theta \\ -\sin\theta & \cos\theta \end{pmatrix} = \begin{pmatrix} \cos\theta & \sin\theta \\ -\sin\theta & \cos\theta \end{pmatrix}$. 따라서 이를 이용하면,

$(1,2) \begin{pmatrix} \cos 60° & \sin 60° \\ -\sin 60° & \cos 60° \end{pmatrix} = (1,2) \begin{pmatrix} \dfrac{1}{2} & \dfrac{\sqrt{3}}{2} \\ -\dfrac{\sqrt{3}}{2} & \dfrac{1}{2} \end{pmatrix} = (\dfrac{1}{2} - \sqrt{3}, \dfrac{\sqrt{3}}{2} + 1)$)

7. (1) 거짓 ($\begin{pmatrix} 1 & 0 \\ 0 & 0 \end{pmatrix}$의 제곱은 $\begin{pmatrix} 1 & 0 \\ 0 & 0 \end{pmatrix}$이지만 영행렬은 아니다.)

  (2) 거짓 ($A^3 = A \leftrightarrow A^2 = E$ 하지만 $A = \begin{pmatrix} 0 & 1 \\ 1 & 0 \end{pmatrix}$ 경우도 성립)

  (3) 참 (A(A+E)=E이므로 A의 역행렬은 A+E)

8. 5 (케일리-해밀턴 정리에 의한 $A^2 - (3+1)A + (3-2)E = 0$ 관계식을
  이용하여 주어진 식을 정리하면 A−E와 같아진다.)

🪐 3-7. 지수/로그/삼각 함수들

1. (1) 3 (3×3×3=27)   (2) 6 ($(\sqrt[4]{36})^2 = \sqrt{36} = 6$)

(3) 2 ($\sqrt{\sqrt[4]{256}}=\sqrt[8]{2^8}=2$)

(4) $2^{3\sqrt{5}}$ ($2^{\sqrt{5}}+2^{2\sqrt{5}}=2^{3\sqrt{5}}$ 또는 $8^{\sqrt{3}}$)

(5) $\dfrac{1}{3}$ ($3^{\frac{3}{2}}\times 3^{-\frac{5}{2}}=3^{\frac{3}{2}-\frac{5}{2}}=3^{-1}$)

(6) $2^{6\sqrt{3}}-3^{4\sqrt{2}}$ ($(8^{\sqrt{3}})^2-(9^{\sqrt{2}})^2$)

2. (1) 3 ($\log_3 3^3=3$) (2) $\dfrac{1}{3}$ ($\log_{2^3}2=\dfrac{1}{3}$)

(3) 2 ($\dfrac{1}{2}+\dfrac{3}{2}=2$) (4) 2 ($\dfrac{\log_{10}5}{\log_{10}3}\times\dfrac{\log_{10}2}{\log_{10}5}\times\dfrac{\log_{10}3^2}{\log_{10}2}=2$)

(5) $\log_3 5$ ($3\log_3 5-2\log_3 5=\log_3 5$)

3. 40시간 ($100\times 2^{\frac{x}{2}}>10^8$ → $2^{\frac{x}{2}}>10^6$ → $\dfrac{x}{2}\log 2>6$ → $x>\dfrac{12}{\log 2}$)

4. (1) $\dfrac{\sqrt{3}}{2}$ ($\sin 60°=\dfrac{\sqrt{3}}{2}$) (2) $\dfrac{1}{2}$

(3) $\sqrt{3}$ (4) $\dfrac{1}{\sqrt{3}}$ ($\cot 60°=\dfrac{1}{\tan 60°}$)

(5) 2 ($\sec 60°=\dfrac{1}{\cos 60°}$) (6) $\dfrac{2}{\sqrt{3}}$ ($\operatorname{cosec}60°=\dfrac{1}{\sin 60°}$)

(7) $-\dfrac{1}{2}$ (배각공식 → $\cos 120°=2\cos^2 60°-1=-\dfrac{1}{2}$)

(8) 0 ($\sin 180°=0$)

(9) $-\dfrac{\sqrt{3}}{2}$ (배각공식 → $\sin 120°=2\sin 60°\cos 60°=\dfrac{\sqrt{3}}{2}$,

$\sin(-120°)=-\sin(120°)=-\dfrac{\sqrt{3}}{2}$)

(10) $-\sqrt{3}$ ($\tan 480°=\tan(360°+120°)=\tan 120°=\sin 120°\div$

$\cos 120°=\dfrac{\sqrt{3}}{2}\div(-\dfrac{1}{2})=-\sqrt{3}$)

5. $\dfrac{91}{2}$ ($\sin^2 1°=\cos^2 89°$, $\sin^2 2°=\cos^2 88°$,…, $\sin^2 89°=\cos^2 1°$

이므로 이 89개의 합은 $\dfrac{89}{2}$. 여기에 $\sin^2 90°=1$을 더하면 $\dfrac{91}{2}$)

6. 60° (코사인법칙에 의해 $\cos B=\dfrac{a^2+c^2-b^2}{2ac}=\dfrac{4+(\sqrt{3}+1)^2-6}{4(\sqrt{3}+1)}=\dfrac{1}{2}$)

7. (1) $\dfrac{\sqrt{3}+1}{2\sqrt{2}}$ ($\sin(45°+30°)=\sin 45°\cos 30°+\cos 45°\sin 30°=$

181

$$\frac{1}{\sqrt{2}} \times \frac{\sqrt{3}}{2} + \frac{1}{\sqrt{2}} \times \frac{1}{2} = \frac{\sqrt{3}+1}{2\sqrt{2}} \text{ 또는 } \frac{1}{4}(\sqrt{6}+\sqrt{2}) \text{)}$$

(2) $\dfrac{\sqrt{3}+1}{2\sqrt{2}}$ ($\cos(45°-30°) = \cos45°\cos30° + \sin45°\sin30°$)

8. (1) $\dfrac{4}{5}$ ($\cos\theta = \sqrt{1-\sin^2\theta} = \sqrt{1-(\dfrac{3}{5})^2} = \dfrac{4}{5}$)

   (2) $\dfrac{24}{25}$ ($\sin2\theta = 2\sin\theta\cos\theta = 2\times\dfrac{3}{5}\times\dfrac{4}{5} = \dfrac{24}{25}$)

   (3) $\dfrac{1}{3}$ ($\sin^2\dfrac{\theta}{2} = \dfrac{1-\cos\theta}{2}$, $\cos^2\dfrac{\theta}{2} = \dfrac{1+\cos\theta}{2} \rightarrow \tan^2\dfrac{\theta}{2} = \dfrac{1-\cos\theta}{1+\cos\theta}$)

9. (1) $n\pi \pm \dfrac{\pi}{3}$ (n은 임의의 정수) ($\cos^2 x = \dfrac{1}{4} \rightarrow \cos x = \pm\dfrac{1}{2}$)

   (2) $n\pi + (-1)^n\dfrac{\pi}{6}$ 또는 $2n\pi \pm \dfrac{\pi}{2}$ ($2\sin x\cos x - \cos x =$

   $(2\sin x - 1)\cos x = 0 \rightarrow \sin x = \dfrac{1}{2}$ 또는 $\cos x = 0$)

   (3) $2n\pi + \pi$ ($(\cos x + 1)(\cos x - 2) = 0 \rightarrow \cos x = -1$)

   (4) $2n\pi + \dfrac{\pi}{2}$ 또는 $2n\pi$ ($\sqrt{1-\cos^2 x} = 1-\cos x \rightarrow \cos x(\cos x - 1)$

   $= 0 \rightarrow \cos x = 0$ 또는 $\cos x = 1$. 단, $\sin x > 0$임에 유의)

10. 최대값: 12 , 최소값: $\dfrac{21}{4}$ ($3\cos^2 x + 3\cos x + 6$에서, $\cos x = t$로

   놓을 때, $3t^2 + 3t + 6 = 3(t+\dfrac{1}{2})^2 + \dfrac{21}{4}$ $(-1 \le t \le 1)$ 따라서 최소값은

   $t = -\dfrac{1}{2}$일 때 $\dfrac{21}{4}$이 되고, 최대값은 $t = 1$일 때 12)

🪐 3-8. 미분법의 기초

1. (1) 2 ($x=0$을 주어진 식에 대입하면 결과는 2)

   (2) 2 ($\displaystyle\lim_{x\to\infty}(\dfrac{6x+5}{3x}) = \lim_{x\to\infty}(2+\dfrac{5}{3x}) = 2 + 0 = 2$

   (3) -2 ($\displaystyle\lim_{x\to1}(\dfrac{1-x^2}{x-1}) = \lim_{x\to1}(\dfrac{-(x+1)(x-1)}{x-1}) = \lim_{x\to1}(-x-1) = -1-1 = -2$)

(4) 0 $\left(\lim\limits_{x \to \infty}(\sqrt{x+1}-\sqrt{x-1})=\lim\limits_{x \to \infty}\dfrac{(x+1)-(x-1)}{\sqrt{x+1}+\sqrt{x-1}}=\dfrac{2}{\infty}=0 \right)$

2. (1) $\mathbf{10x^4}$ $(\ 2 \cdot 5\,x^4 = 10x^4\ )$

   (2) 4x-1 $(\ (2x^2-x+3)'=(2x^2)'-(x)'+(3)'=4\,x-1+0\ )$

   (3) $\mathbf{5x^4+9x^2-2x}$ $(\ 2x(x^3-1)+3x^2(x^2+3)=5x^4+9x^2-2x\ )$

   (4) $\dfrac{-x^2-6x-1}{(x^2-1)^2}$ $\left(\ \dfrac{(x+3)'(x^2-1)-(x+3)(x^2-1)'}{(x^2-1)^2}=\dfrac{x^2-1-2x(x+3)}{(x^2-1)^2}\ \right)$

   (5) $\mathbf{10x(x^2+3)^4}$ $(\ g(x)=x^2+3\ \rightarrow\ (g(x))^5$를 미분하면,
   $5(g(x))^4 g'(x)=\ 5(x^2+3)^4 \cdot 2x\ )$

   (6) $\dfrac{1}{\sqrt{2x}}$ $\left(\ (\sqrt{x})'=\lim\limits_{h \to 0}\dfrac{\sqrt{x+h}-\sqrt{x}}{h}=\lim\limits_{h \to 0}\dfrac{h}{h(\sqrt{x+h}+\sqrt{x})}=\dfrac{1}{2\sqrt{x}}\ \right.$

   따라서 $\left.(\sqrt{2x})'=\dfrac{2}{2\sqrt{2x}}=\dfrac{1}{\sqrt{2x}}\ \right)$

3. (1) 2 $\left(\ \lim\limits_{h \to 0}\dfrac{f(2h)-f(0)}{h}=\lim\limits_{h \to 0}\left\{\dfrac{f(0+2h)-f(0)}{2h} \times 2\right\}=2f'(0)\ \right)$

   (2) 0 $\left(\ \lim\limits_{h \to 0}\dfrac{f(-h^2)-f(0)}{h}=\lim\limits_{h \to 0}\left\{\dfrac{f(0-h^2)-f(0)}{-h^2} \times (-h)\right\}=f'(0) \times 0\ \right)$

4. (1) $\mathbf{y=-6x+1}$ $(\ y'=6x^2-6$ 이므로 $x=0$에서의 미분값은 -6.
   따라서 접선의 식은 점 $(0,1)$을 지나고 기울기가 -6인 직선의
   식 $)$

   (2) $(-1, 5), (1, -3)$ $(\ y'=6x^2-6=6(x+1)(x-1)=0\ \rightarrow$
   $x=1$ 또는 -1 $)$

5. (1) **연속이다.** $(\ \lim\limits_{h \to 0}|x|=0$ 이 성립 $)$

   (2) **미분불가능이다.** $(\ x>0 \rightarrow f(x)=x \rightarrow f'(x)=1,\ x<0 \rightarrow f(x)$
   $=-x \rightarrow f'(x)=-1$. 그런데 $x=0$에서는 h가 양의 방향에서
   0으로 접근하느냐, 음의 방향에서 0으로 접근하느냐에 따라
   $\lim\limits_{h \to 0}\dfrac{f(0+h)-f(0)}{h}$가 1과 -1 두 값으로 분산되므로 미분가능'
   아니다. $)$

6. $0 \leq a \leq 3$ $(\ y'=3x^2-4ax+4a \geq 0\ \rightarrow$ 판별식$=(4a)^2-48a=a(a-3) \leq 0\ )$

7. (1) **감소 상태** $(\ y'=3x^2-4x-4$. 따라서 $x=0$일 때 미분값은 $-4\ )$

   (2) $(2, -11)$ $(\ y'=3x^2-4x-4=(3x+2)(x-2)=0\ \rightarrow\ x=2$ 또는 $-\dfrac{2}{3}$
   그런데 $y''=6x-4$이므로 $x=2$에서는 $y''>0$이므로 극소점이

되고 $x = -\dfrac{2}{3}$ 에서는 $y'' < 0$ 이므로 극대점)

8. 0개 ($y' = 4x^3$, $y'' = 12x^2 = 0$ → $x = 0$ 그러나 $x = 0$ 좌우에서 y''의 부호에 변화가 없다.)

🪐 3-9. 적분법의 기초

1. (1) $x^3 + C$ (C:상수)

(2) $x^3 - x^2 + x + C$

(3) $\dfrac{1}{4}(x-1)^4 + C$ ($t = x - 1$ → $\dfrac{dx}{dt} = 1$. 따라서 $\displaystyle\int (x-1)^3 dx = \int t^3 dt$

$= \dfrac{t^4}{4} + C = \dfrac{1}{4}(x-1)^4 + C$)

(4) $\dfrac{1}{24}(3x^2-1)^4$ ($t = 3x^2 - 1$ → $dt = 6xdx$ → $\dfrac{dx}{dt} = \dfrac{1}{6x}$. 따라서

$\displaystyle\int x(3x^2-1)^3 dx = \int xt^3 \dfrac{1}{6x} dt = \dfrac{1}{6}\int t^3 dt = \dfrac{1}{6}(\dfrac{t^4}{4}) = \dfrac{1}{24}(3x^2-1)^4$)

2. (1) $\dfrac{25}{6}$ ($\displaystyle\int_1^2 (2x^2 - x + 1)dx = [\dfrac{2}{3}x^3 - \dfrac{x^2}{2} + x]_1^2 = \dfrac{25}{6}$)

(2) $\dfrac{57}{4}$ ($\displaystyle\int_0^1 (x^3 - 2x + 1)dx + \int_1^3 (x^3 - 2x + 1)dx = \int_0^3 (x^3 - 2x + 1)dx$

$= [\dfrac{1}{4}x^4 - x^2 + x]_0^3 = \dfrac{57}{4}$)

(3) $\dfrac{28}{3}$ ($4x^2 - 1 = (2x+1)(2x-1)$ 이므로 $x \geq \dfrac{1}{2}$ → $|4x^2 - 1| = 4x^2 - 1$,

또한 $\dfrac{1}{2} > x \geq 0$ → $|4x^2 - 1| = -(4x^2 - 1)$. 따라서 적분 계산은

$\displaystyle\int_{\frac{1}{2}}^2 (4x^2 - 1)dx + \int_0^{\frac{1}{2}} (-4x^2 + 1)dx = [\dfrac{4}{3}x^3 - x]_{\frac{1}{2}}^2 + [-\dfrac{4}{3}x^3 + x]_0^{\frac{1}{2}} =$

$(\dfrac{32}{3} - 2) - (\dfrac{1}{6} - \dfrac{1}{2}) + (-\dfrac{1}{6} + \dfrac{1}{2}) = \dfrac{28}{3}$)

(4) $\dfrac{2}{3}$ ($t = \sqrt{x}$ 라고 놓으면 $t^2 = x$ → $\dfrac{dx}{dt} = 2t$. $\displaystyle\int \sqrt{x}\,dx = \int 2t^2 dt$

$= 2(\dfrac{t^3}{3}) + C$. 같은 식으로 $\displaystyle\int_1^2 \sqrt{x-1}\,dx = 2[\dfrac{1}{3}(\sqrt{x-1})^3]_1^2 = \dfrac{2}{3}$)

3. (1) $\dfrac{9}{2}$ ($y=-x^2+1$과 $y=x-1$의 교점은 $-x^2+1=x-1$ $\rightarrow$

$(x-1)(x+2)=0$ $\rightarrow$ $x=-2$와 $x=1$. 따라서 구하려는 도형의 면적은

$\displaystyle\int_{-2}^{1}\{(-x^2+1)-(x-1)\}dx=\int_{-2}^{1}(-x^2-x+2)dx=[-\dfrac{x^3}{3}-\dfrac{x^2}{2}+2x]_{-2}^{1}=\dfrac{9}{2}$)

(2) $\dfrac{34}{3}$ ($y=x^2-4=(x+2)(x-2)$에서 이 곡선의 x절편은 2와

-2이며 그 사이의 y값은 음이다. 따라서 도형의 면적은

$\displaystyle\int_{-1}^{2}(-x^2+4)dx+\int_{2}^{3}(x^2-4)dx=[-\dfrac{x^3}{3}+4x]_{-1}^{2}+[\dfrac{x^3}{3}-4x]_{2}^{3}=\dfrac{34}{3}$)

4. $\dfrac{\sqrt{3}}{12}a^2h$ (한변이 a인 정삼각형의 면적은 $\dfrac{\sqrt{3}}{4}a^2$. 공간좌표에서

사면체의 윗 꼭지점을 원점에 두고 밑면을 x좌표의 h인 곳에

x축과 수직되게 놓으면, 원점과 x만큼 떨어진 사면체의 단면

(정삼각형) 면적은 닮음비에 의해 $\dfrac{\sqrt{3}}{4}a^2\times\dfrac{x^2}{h^2}=\dfrac{\sqrt{3}a^2}{4h^2}x^2$. 따라서

이 사면체의 부피는 $\displaystyle\int_{0}^{h}\dfrac{\sqrt{3}a^2}{4h^2}x^2dx=[\dfrac{\sqrt{3}a^2}{12h^2}x^3]_{0}^{h}=\dfrac{\sqrt{3}}{12}a^2h$)

5. $\dfrac{1}{5}$ ($\displaystyle\lim_{n\to\infty}\sum_{k=1}^{n}\dfrac{k^4}{n^5}=\lim_{n\to\infty}\sum_{k=1}^{n}\dfrac{1}{n}(\dfrac{k}{n})^4=\int_{0}^{1}x^4dx=\dfrac{1}{5}$)

6. (1) 9π ($x=a$인 곳의 회전체 단면인 원의 면적은 $\pi y^2=2\pi a$

이므로 회전체 전체의 부피는 $\displaystyle\int_{0}^{3}2\pi xdx=[\pi x^2]_{0}^{3}=9\pi$)

(2) $\dfrac{40}{3}\pi$ (전체 구는 $x^2+y^2=4^2$의 원을 x축의 둘레로 회전시

킨 도형이다. 따라서 문제에 주어진 도형의 부피는

$\displaystyle\int_{2}^{4}\pi y^2dx=\pi\int_{2}^{4}(16-x^2)dx=\pi[16x-\dfrac{x^3}{3}]_{2}^{4}=\dfrac{40}{3}\pi$)

7. $y=-x^3+2x+1$ (접선의 기울기 즉 $y'=-3x^2+2$이므로 원래 식의

모양은 $\displaystyle\int(-3x^2+2)dx=-x^3+2x+C$. 그런데 점 $(1,2)$를 지나므로

$1+C=2$ $\rightarrow$ $C=1$. 따라서 원래의 곡선의 방정식은 $y=-x^3+2x+1$)

8. (1) 3초 (속도 $v(t)=-3t^2+9$ $\rightarrow$ 거리(위치) $s(t)=\displaystyle\int_{0}^{t}(-3x^2+9)dx$

$=[-x^3+9x]_{0}^{t}=-t^3+9t=0$ $\rightarrow$ $t(t+3)(t-3)=0$ 따라서 3초후엔

원점 위치로 복귀)

(2) $80+12\sqrt{3}$ (5초 간 총 경로 거리는 $\displaystyle\int_{0}^{5}|-3x^2+9|dx$로 나타낼

수 있다.

185

$$\int_0^5 |-3x^2+9|dx=\int_0^{\sqrt{3}}(-3x^2+9)dx+\int_{\sqrt{3}}^5(3x^2-9)dx=[-x^3+9x]_0^{\sqrt{3}}$$
$$+[x^3-9x]_{\sqrt{3}}^5=80+12\sqrt{3}\quad)$$

9. $\displaystyle\int_p^q a(x-p)(x-q)dx=a\int_p^q\{x^2-(p+q)x+pq\}dx=a\left[\frac{x^3}{3}-\frac{p+q}{2}x^2+pqx\right]_p^q$

$\displaystyle=\frac{a}{6}\{2(q-p)^3-3(p+q)(q-p)^2+6pq(q-p)\}$

$\displaystyle=\frac{a}{6}(q-p)\{2q^2+2pq+2p^2-3(p+q)^2+6pq\}=\frac{a}{6}(q-p)(-p^2+2pq-q^2)$

$\displaystyle=\frac{a}{6}(p-q)^3$ 이 되므로 면적은 그 절대값 $\dfrac{1}{6}|a(p-q)^3|$ 이 된다.

3-10. 확률분포와 통계

1. (1) 0: $\dfrac{1}{32}$,　1: $\dfrac{5}{32}$,　2: $\dfrac{10}{32}$,　3: $\dfrac{10}{32}$,　4: $\dfrac{5}{32}$,　5: $\dfrac{1}{32}$

$\left(\ (\dfrac{1}{2})^5=\dfrac{1}{32},\ _5C_1=5,\ _5C_2=10\ \right)$

(1) 2.5 $\left(\ np=5\times\dfrac{1}{2}=2.5\ \right)$

(2) 분산: $\dfrac{5}{4}$, 표준편차: $\dfrac{\sqrt{5}}{2}$ $\left(\ npq=5\times\dfrac{1}{2}\times\dfrac{1}{2}=\dfrac{5}{4}\ \right)$

(3) 평균: 6, 표준편차: $\sqrt{5}$ (E(Y)=E(2X+1)=2E(X)+1=2×2.5+1=6,

V(Y)=V(2X+1)=2^2V(X) → $\sigma=2\times\dfrac{\sqrt{5}}{2}=\sqrt{5}$)

2. (1) 0.6826 (P(5≤X≤15)=P(10-5≤X≤10+5)=0.6826)

(2) 표준편차: 1, 최대값: $\dfrac{1}{\sqrt{2\pi}}$

(3) 0.8185 (P(5≤X≤25)=P(-1≤Z≤2)= P(-1≤Z≤0)+P(0≤Z≤2)
=0.3413+ 0.4772=0.8185)

3. (1) 평균: 30, 표준편차: 5 (평균: $np=180\times\dfrac{1}{6}$, 분산: $npq=180\times\dfrac{1}{6}$

$\times\dfrac{5}{6}=25$)

(2) 0.9544 (P(20≤X≤40)=P(-2≤Z≤2)=0.9544)

4. $\dfrac{25}{3}$ (B$(60,\dfrac{1}{6})$의 분산과 같으므로 $60\times\dfrac{1}{6}\times\dfrac{5}{6}=\dfrac{25}{3}$)

5. 0.0228 (E$(\overline{X})$=30, V$(\overline{X})=\dfrac{25}{25}=1$. P$(\overline{X}\leq28)$=P$(Z\leq-2)$=

$\dfrac{1-0.9544}{2}$=0.0228)

6. **54점 이상 66점 이하** ($\overline{X}$=60. 모집단의 표준편차 대신 표본집단의

표준편차 21을 사용하면, 95.44% 신뢰도의 경우 $60-2\times\dfrac{21}{7}\leq m\leq$

$60+2\times\dfrac{21}{7}$ → 모집단 평균: 54이상 66이하)

3-11. 이차곡선

1. (1) $y=-\dfrac{1}{8}$ ($x^2=4py=\dfrac{1}{2}y$ → $p=\dfrac{1}{8}$)

   (2) $(0,\dfrac{1}{8})$

2. (1) **(2, 1)** ($x-2=(y-1)^2$이므로 $x=y^2$를 x축 방향으로 +2, y축

        방향으로 +1만큼 이동)

   (2) $x=\dfrac{7}{4}$ ($x=y^2$의 준선인 $x=-\dfrac{1}{4}$에 +2를 하면 $x=\dfrac{7}{4}$)

   (3) $(\dfrac{9}{4},1)$ ($x=y^2$의 초점 $(\dfrac{1}{4},0)$을 x축 방향으로 +2, y축

        방향으로 +1만큼 이동

3. (1) **2** ($x^2+4y^2=4$ → $\dfrac{x^2}{2^2}+\dfrac{y}{1^2}=1$. 따라서 장축의 길이는

        $2\times2=4$, 단축의 길이는 $1\times2=2$)

   (2) $2\sqrt{3}$ ($\sqrt{4-1}=\sqrt{3}$. 따라서 두 초점 $(-\sqrt{3},0)$, $(\sqrt{3},0)$

        사이의 거리는 $2\sqrt{3}$)

(3) 4 (장축의 길이는 2이므로 $2 \times 2 = 4$)

4. (1) $(-8,0), (8,0)$ ($x^2 - 4y^2 = 64$ → $\dfrac{x^2}{8^2} - \dfrac{y}{4^2} = 1$ 따라서 $y = 0$ →

$x = \pm 8$)

(2) $(-4\sqrt{5}, 0), (4\sqrt{5}, 0)$ ($\sqrt{64+16} = \sqrt{80} = 4\sqrt{5}$)

(3) 16 ($8 \times 2 = 16$)

(4) $x = \pm \dfrac{1}{2}$ ($x = \pm \dfrac{4}{8} = \pm \dfrac{1}{2}$)

5. (1) $(x-1)^2 = 8y$ (초점이 $(0,2)$이고 준선이 $y = -2$를 x축 방향으로

$+1$만큼 평행이동한 식)

(2) $\dfrac{x^2}{16} + \dfrac{y^2}{7} = 1$ (타원의 식 $\dfrac{x^2}{a^2} + \dfrac{y^2}{b^2} = 1$에서 $2a = 8$이므로 $a = 4$.

그런데 $3^2 = 4^2 - b^2$ → $b^2 = 16 - 9 = 7$)

(3) $\dfrac{x^2}{9} - \dfrac{y^2}{16} = 1$ (쌍곡선의 식 $\dfrac{x^2}{a^2} - \dfrac{y^2}{b^2} = 1$에서 $\dfrac{b}{a} = \dfrac{4}{3}$이고

$5^2 = a^2 + b^2$이므로 두 식을 풀면 $a^2 = 9$, $b^2 = 16$)

(4) $\dfrac{x^2}{16} - \dfrac{(y-1)^2}{9} = 1$ (두 꼭지점이 $(-4,0),(4,0)$이고 두 초점이

$(-5,0),(5,0)$인 쌍곡선은 $\dfrac{x^2}{a^2} - \dfrac{y^2}{b^2} = 1$에서 $a = 4$, $5^2 = a^2 + b^2$

이므로 두 식을 풀면 $a^2 = 16$, $b^2 = 9$. 따라서 이 쌍곡선을 y축

방향으로 $+1$ 평행이동한 식은 $\dfrac{x^2}{16} - \dfrac{(y-1)^2}{9} = 1$)

(5) $\dfrac{x^2}{20} + \dfrac{y^2}{36} = 1$ (타원의 식 $\dfrac{x^2}{a^2} + \dfrac{y^2}{b^2} = 1$에서 $2b = 12$ → $b = 6$.

$4^2 = 6^2 - a^2$ → $a^2 = 36 - 16 = 20$)

6. (1) 타원형, 초점: $(1 \pm \sqrt{5}, -1)$ ($4(x-1)^2 + 9(y+1)^2 - 36 = 0$ →

$\dfrac{(x-1)^2}{9} + \dfrac{(y+1)^2}{4} = 1$)

(2) 쌍곡선, 초점: $(-1 \pm \sqrt{13}, 1)$ ($4(x+1)^2 + 9(y-1)^2 - 36 = 0$

→ $\dfrac{(x+1)^2}{9} - \dfrac{(y-1)^2}{4} = 1$)

(3) 포물선, 초점: $(1, 2)$ (주어진 식: $8(x+1) = (y-2)^2$. 이 식은

$8x=y^2$을 x축으로 -1, y축으로 $+2$만큼 평행 이동한 식.

$4p=8 \rightarrow p=2$. 따라서 $(2-1, 0+2)=(1, 2)$가 초점의 좌표)

7. $y=x\pm\sqrt{5}$ (식 $x^2+4y^2=4$에 $y=x+b$를 넣으면 $x^2+4(x+b)^2=4$

$\rightarrow 5x^2+8bx+4(b^2-1)=0$. 판별식$=64b^2-80(b^2-1)=80-16b^2=0$ 이

되는 경우는 $b=\pm\sqrt{5}$)

3-12. 벡터

1. (1) $\vec{t}+\vec{s}$

(2) $\vec{t}+\vec{s}+\vec{r}$

(3) $\vec{r}-\vec{s}$

(4) $\vec{s}+\vec{r}-\vec{t}$

2. (1) $\dfrac{\vec{a}+\vec{b}+\vec{c}}{3}$

(2) $\overrightarrow{GA}=\overrightarrow{OA}-\overrightarrow{OG}$, $\overrightarrow{GB}=\overrightarrow{OB}-\overrightarrow{OG}$, $\overrightarrow{GC}=\overrightarrow{OC}-\overrightarrow{OG}$

따라서 $\overrightarrow{GA}+\overrightarrow{GB}+\overrightarrow{GC}=(\vec{a}-\overrightarrow{OG})+(\vec{b}-\overrightarrow{OG})+(\vec{c}-\overrightarrow{OG})$

$=\vec{a}+\vec{b}+\vec{c}-3\overrightarrow{OG}=\vec{a}+\vec{b}+\vec{c}-3(\dfrac{\vec{a}+\vec{b}+\vec{c}}{3})=0$

3. (1) 6 ($3\times4\times\cos60°=6$)

(2) −9 (△OAB는 AB를 빗변으로 하는 직각삼각형. 따라서

$(-3,4)\cdot(3,0)=-9$)

(3) 9 ($\overrightarrow{AB}=(-1,-1,-1)$, $\overrightarrow{AC}=(-3,-3,-3)$ 따라서 $\overrightarrow{AB}\cdot\overrightarrow{AC}=$

$3+3+3=9$)

4. $\dfrac{1}{3}$ (점P를 공간좌표의 원점에 맞추면, $\overrightarrow{PA}=(2,2,2)$, $\overrightarrow{PB}=(4,-4,4)$

$|\overrightarrow{PA}|=2\sqrt{3}$, $|\overrightarrow{PB}|=4\sqrt{3}$, $\overrightarrow{PA}\cdot\overrightarrow{PB}=8 \rightarrow \cos\theta=\dfrac{8}{2\sqrt{3}\times4\sqrt{3}}$)

5. (1) $\dfrac{x-1}{-1}=\dfrac{z-3}{2}, y=2$ (직선의 식: $\dfrac{x-1}{-1}=\dfrac{y-2}{0}=\dfrac{z-3}{2}$)

(2) $\dfrac{x-1}{-2}=\dfrac{y-2}{-2}=\dfrac{z-3}{-1}$ ($\overrightarrow{AB}=(-2,-2,-1)$에 평행하고 점A(1,2,3)을

지나는 직선의 식)

(3) $x-2z+5=0$ ($-1(x-1)+0(y-2)+2(z-3)=0$)

6. (1) $\dfrac{2\sqrt{42}}{21}$ (두 평면의 법선벡터는 (1,2,3)와 (1,-1,-1)이다.

따라서 $\cos\theta=\dfrac{|1-2-3|}{\sqrt{1+4+9}\times\sqrt{1+1+1}}$)

(2) $\dfrac{8}{25}$ (직선의 방향벡터는 (3,4,5), 평면의 법선벡터는 (5,-4,-3)

따라서 두 벡터가 이루는 각을 A라고 하면, A=90°-θ이며

$\cos A=\dfrac{|15-16-15|}{\sqrt{9+16+25}\times\sqrt{25+16+9}}=\dfrac{8}{25}=\sin(90°-A)=\sin\theta$)

3-13. 특수함수의 미적분

1. (1) $\dfrac{1}{2}$ ($\displaystyle\lim_{\theta\to0}\dfrac{\tan\theta}{2\theta}=\dfrac{1}{2}\lim_{\theta\to0}\dfrac{\tan\theta}{\theta}=\dfrac{1}{2}\lim_{\theta\to0}\dfrac{\sin\theta}{\theta}\dfrac{1}{\cos\theta}$)

(2) $\dfrac{1}{2}$ ($\displaystyle\lim_{\theta\to0}\dfrac{1-\cos\theta}{\theta^2}=\lim_{\theta\to0}\dfrac{1-\cos^2\theta}{\theta^2(1+\cos\theta)}=\lim_{\theta\to0}(\dfrac{\sin\theta}{\theta})^2\dfrac{1}{1+\cos\theta}$)

(3) 6 ($\displaystyle\lim_{x\to\infty}(4^x+6^x)^{\frac{1}{x}}=\lim_{x\to\infty}6\{1+(\dfrac{2}{3})^x\}^{\frac{1}{x}}$)

(4) 2 ($\displaystyle\lim_{x\to0}\dfrac{\tan 2x}{e^x-1}=\lim_{x\to0}\dfrac{\tan 2x}{2x}\dfrac{2x}{e^x-1}=2\lim_{x\to0}(\dfrac{\sin 2x}{2x}\cdot\dfrac{1}{\cos x}\cdot\dfrac{x}{e^x-1})$)

2. (1) $y'=2\sin x\cos x$ ($y'=(2\sin x)(\sin x)'$)

(2) $y'=-e^{\cos x}\sin x$ ($y'=(e^{\cos x})(\cos x)'$)

(3) $y'=x^x(\ln x+1)$ ($\ln y=x\ln x$를 미분하면$\to\dfrac{1}{y}\dfrac{dy}{dx}=\ln x+\dfrac{x}{x}$)

(4) $y'=-\tan x$ ($y'=\dfrac{-\sin x}{\cos x}$)

3. (1) $\dfrac{1}{4}\sin 2x+\dfrac{1}{2}x+C$ ($\cos 2x=2\cos^2 x-1$에서 $\cos^2 x=\dfrac{1}{2}\cos 2x+\dfrac{1}{2}$)

(2) $x\ln x^2-2x+C$ ($\displaystyle\int \ln x^2 dx=\int (x)'\ln x^2 dx=x\ln x^2-\int x(\dfrac{2x}{x^2})dx+C$)

(3) $\dfrac{2^{x+2}}{\ln 2}+C$ ($(a^x)'=a^x\ln a$ 따라서 $\displaystyle\int 2^{x+2}dx=4\int 2^x dx=4\dfrac{2^x}{\ln 2}+C$)

(4) $\dfrac{1}{3}\cos^3 x-\cos x+C$ ($\displaystyle\int \sin^3 x dx=\int \sin x\cdot(1-\cos^2 x)dx=-\int 1-t^2 dt$

$=\dfrac{t^3}{3}-t+C$, 여기서 $t=\cos x$ → $dt=-\sin x\,dx$)

(5) $x\sin x+\cos x+C$ ($\displaystyle\int x\cos x dx=\int (\sin x)'x dx=x\sin x-\int \sin x dx$)

(6) $\dfrac{1}{20}\sin 10x+\dfrac{1}{4}\sin 2x+C$ ($\cos(4x)\cos(6x)=\dfrac{1}{2}\cos(6x+4x)+\dfrac{1}{2}\cos(6x-4x)$)

4. (1) $\dfrac{4}{15}(\sqrt{2}+1)$ ($\displaystyle\int_0^1 x\sqrt{x+1}dx=\int_1^2 (t-1)\sqrt{t}dt=\int_1^2 t^{\frac{3}{2}}-t^{\frac{1}{2}}dt=$

$[\dfrac{2}{5}t^{\frac{5}{2}}-\dfrac{2}{3}t^{\frac{3}{2}}]_1^2$)

(2) π ($x=2\sin\theta$로 치환하면 $dx=2\cos\theta\,d\theta$. $\displaystyle\int_0^2\sqrt{4-x^2}dx=$

$\displaystyle\int_0^{\frac{\pi}{2}}\sqrt{4-4\sin^2\theta}(2\cos\theta)d\theta=4\int_0^{\frac{\pi}{2}}\cos^2\theta d\theta=4[\dfrac{1}{4}\sin 2\theta+\dfrac{1}{2}\theta]_0^{\frac{\pi}{2}}$)

(3) $\dfrac{1}{2}\ln 3$ ($\dfrac{1}{(1-x)(1+x)}=\dfrac{1}{2}(\dfrac{1}{1-x}+\dfrac{1}{1+x})$ 따라서 $\displaystyle\int_0^{\frac{1}{2}}\dfrac{1}{1-x^2}dx=$

$\dfrac{1}{2}[\ln\dfrac{1+x}{1-x}]_0^{\frac{1}{2}}=\dfrac{1}{2}\ln 3$)

(4) $\dfrac{\pi}{4}$ ($x=3\tan\theta$로 치환하면 $dx=3\sec^2\theta\,d\theta$. $\displaystyle\int_0^3 \dfrac{3}{x^2+9}dx=$

$$\int_0^{\frac{\pi}{4}} \dfrac{3(3\sec^2\theta)}{9\sec^2\theta}d\theta=\dfrac{\pi}{4}$$)

(5) $\dfrac{\sqrt{2}}{2}+\dfrac{1}{2}\ln(\sqrt{2}+1)$ ($\displaystyle\int(\sec^3 x)dx=\dfrac{1}{2}\tan x\sec x+\dfrac{1}{2}\ln|\sec x+\tan x|+C$

(6) $1-\dfrac{\pi}{4}$ ($\displaystyle\int(\tan^2 x)dx=\int(\sec^2 x-1)dx=\tan x-x+C$)

5. 45°

이유를 살펴보면, 속도 v로 던질 때 수직 윗 방향의 속도는 $v\sin\theta-$ 9.8t, 수평 오른쪽 방향의 속도는 $v\cos\theta$로 볼 수 있으며, 이 때 수직 방향의 위치 함수 $h(t)=(v\sin\theta)t-\dfrac{9.8}{2}t^2=0$ → $t=0$ 또는 $t=\dfrac{v}{4.9}\sin\theta$. 이 중 후자가 공을 던진 후에 공이 떨어지는 시간이므로, 그 수평 위치 함수 $\text{S}(t)=(v\cos\theta)t=(v\cos\theta)(\dfrac{v}{4.9}\sin\theta)=\dfrac{v^2}{4.9}\sin\theta\cos\theta=\dfrac{v^2}{9.8}\sin 2\theta$. 이 값이 최대가 되려면 $\sin 2\theta=1$ 따라서 $\theta=45°$

6. (1) $\sqrt{\dfrac{\pi}{2}}$ ($g'(x)=f(x)=\cos x^2=0$ → $x^2=\dfrac{\pi}{2}$ → $x=\sqrt{\dfrac{\pi}{2}}$ 가 정의역 구간 중에 유일하게 $g'(x)=0$을 만족시키고, 또한 $g''(x)=f'(x)$ $=-2x\sin x^2$에서 $g''(\sqrt{\dfrac{\pi}{2}})=-2\sqrt{\dfrac{\pi}{2}}<0$이므로 $x=\sqrt{\dfrac{\pi}{2}}$ 일 때가 최대)

(2) $\sqrt{\pi}$ ($g''(x)=f'(x)=-2x\sin x^2=0$ → $x=\sqrt{\pi}$ 가 정의역 구간 중 유일하게 $g''(x)=0$을 만족시키고 그 좌우에서 부호의 변화가 발생하므로, 이 때가 유일한 변곡점이 된다.)